见识城邦

更新知识地图　拓展认知边界

科学思维的八堂课

JIM AL-KHALILI

THE JOY
OF SCIENCE

[英] 吉姆·艾尔-哈利利 著

殷融 译

中信出版集团 | 北京

图书在版编目（CIP）数据

科学思维的八堂课 /（英）吉姆·艾尔-哈利利著；殷融译 . -- 北京：中信出版社，2022.11
书名原文：THE JOY OF SCIENCE
ISBN 978-7-5217-4835-2

Ⅰ. ①科… Ⅱ. ①吉… ②殷… Ⅲ. ①科学思维 Ⅳ. ① B804

中国版本图书馆 CIP 数据核字（2022）第 188284 号

The Joy of Science By Jim Al-Khalili
Copyright © 2022 by Princeton University Press
All rights reserved.
No part of this book may be reproduced or transmitted in any form or by any means, electronic or mechanical, including photocopying, recording or by any information storage and retrieval system, without permission in writing from the Publisher.
Simplified Chinese translation copyright © 2022 by CITIC Press Corporation
ALL RIGHTS RESERVED
本书仅限中国大陆地区发行销售

科学思维的八堂课
著者：　　　［英］吉姆·艾尔-哈利利
译者：　　　殷融
出版发行：中信出版集团股份有限公司
　　　　　（北京市朝阳区惠新东街甲 4 号富盛大厦 2 座　邮编　100029）
承印者：　　北京诚信伟业印刷有限公司

开本：880mm×1230mm 1/32　　印张：5.5　　字数：88 千字
版次：2022 年 11 月第 1 版　　　　印次：2022 年 11 月第 1 次印刷
京权图字：01-2022-6031　　　　　书号：ISBN 978–7–5217–4835–2
定价：59.00 元

版权所有·侵权必究
如有印刷、装订问题，本公司负责调换。
服务热线：400-600-8099
投稿邮箱：author@citicpub.com

推荐语

吉姆·艾尔-哈利利提炼出了科学的精髓。这本书充满了快乐、启发和真正的智慧。

——艾丽丝·罗伯茨(Alice Roberts),
伯明翰大学公众科学系教授

吉姆·艾尔-哈利利以富有表现力的方式向我们强调了为科学欢呼的理由,在混乱的后真相时代,这本可爱的小书会成为你可靠的向导。

——萨拜因·霍森费尔德(Sabine Hossenfelder),
物理学家、《在数学中迷失》(*Lost in Math*)的作者

本书揭开了科学本质的面纱,解答了公众对"如何开展科学研究"这一问题的困惑。我热忱地将此书推荐给那些对科学思维感兴趣的人,不管他是不是科学工作者。

——小詹姆斯·盖茨(S. James Gates Jr.),
《证明爱因斯坦正确》(*Proving Einstein Right*)的共同作者

在这个后真相政治时代,错误信息和阴谋论充斥于社交媒体。对于这一恶疾,艾尔-哈利利的作品是一味平和轻柔的良药。本书呼吁人们在生活中对所经历的事情采取更理性和更有洞察力的态度,尊重专业知识,坚持辩证批判的精神。

——菲利普·鲍尔(Philip Ball),《量子力学,怪也不怪》(*Beyond Weird*)及《好奇心》(*Curiosity*)的作者

吉姆·艾尔-哈利利被誉为向公众解释科学的领军人物之一。在这本书中,他提炼了科学知识的特征和局限性,并强调科学思维模式在日常生活中如何帮助我们。他充满智慧的规劝恰逢其时:在当今社会,科学取得了巨大成就,但公众舆论比以往任何时代都更容易受到虚假新闻和阴谋论的蛊惑。如果我们能够将他的劝导牢记于心,我们都会成为更好的公民——这本书值得广泛推荐。

——马丁·里斯(Martin Rees),《人类未来》(*On the Future*)的作者

科学是思考和理解世界的一种方式,在这本迷人的作品中,艾尔-哈利利主张我们都应该科学地思考。他细腻地论述了科学概念和思想的复杂性,揭露了我们的偏见,消除了人们对科学运作模式的误解。对于我们所有人来说,阅读这本精彩的作品都会成为我们重要的阅读经历,尤其是在这个全球新冠肺炎大流行和气候危机的时代,解决方案有赖于我们对科学的理解,我们必须知道什么是科学,什么不是科学。

——萨拉-杰恩·布莱克莫尔(Sarah-Jayne Blakemore),《青少年大脑使用说明书》(*Inventing Ourselves*)的作者

这是一本出色、易懂、易读的小书，里面介绍了许多我们如何以及为什么要科学行事的内容。在这个疯狂的时代，我向任何想要理解科学的意义和价值的人推荐这本书。

——丹尼尔·M.奥尔特曼（Daniel M. Altmann），
伦敦帝国理工学院

这本精辟而富有洞察力的书以通俗易懂的方式为读者提供了一系列有趣而适时的观念。

——肖恩·卡罗尔（Sean Carroll），
《隐藏的宇宙》（*Something Deeply Hidden*）的作者

吉姆·艾尔-哈利利最新的杰作完美地表达了我们与科学的联系是多么深刻、亲密和独特。本书唤醒了深深植根于我们所有人头脑中的科学思维，它不仅展示了真正的科学思维方法是什么，还阐明了我们可以从这些方法中得到什么启发。

——克劳迪亚·德·拉姆（Claudia de Rham），
伦敦帝国理工学院

艾尔-哈利利恰逢其时而富有启发的作品让我们所有人都能从中体验到科学思维的"乐趣"。

——海伦·皮尔森（Helen Pearson），
《自然》杂志主编

目录

序 *I*

引 言 *1*

第1课 真理与真相——它们确实存在 *23*

第2课 简单与复杂——简洁的解释未必是最好的 *41*

第3课 理解神秘——未知的魅力在于破解 *55*

第4课 敢于知道——科学概念没有那么难 *69*

第5课 证据与观点——用可靠的证据更新观点 *83*

第6课 偏见与偏差——避开认知陷阱 *99*

第7课 科学不确定性与理性怀疑——别害怕改变想法 *113*

第8课 捍卫真理——用科学让世界变得更好 *123*

结语	*135*
术语表	*141*
参考文献	*153*
延伸阅读	*159*

序

20 世纪 80 年代中期，我还是一名年轻的学生，那时我读了一本名为《承认奇迹》(Acknowledge the Wonder)的书，作者是英国物理学家尤安·斯夸尔斯（Euan Squires）。这本书讲的是基础物理学（当时）的最新观点，近 40 年过去了，它仍在我的书架上有一席之地。虽然书中的一些内容现在已经过时了，但我一直很喜欢它的标题。在人生的某个时刻，当我考虑从事物理学研究时，有机会在物理世界中"承认奇迹"是激励我投身于科学事业的真正原因。

人们对某一学科产生兴趣的原因有很多。在科学研究领域，有些人会享受爬到火山口或蹲在悬崖边观察鸟类筑巢带来的刺激感；有些人喜欢通过望远镜或显微镜窥视我们有限的感官无法直接感受到的世界；有些人在他们的实验室工作台上通过设计巧夺天工的实验来揭示恒星内部的秘密；有些人会使用巨大的地下粒子加速器来探测物质的基本组成；有些人研究微生物的基因，这样他们就可以开发出保护我们免受疾病伤害的药物和疫苗；有些人精通数学，他们写出凌乱、抽象却又美丽的代数方程，指导超级计算机模拟地球天气变化、星系演化或者我们体内的生物过程。科学是一项伟大的事业，你目之所及的每一个角落都迸发着灵感、激情和奇迹。

但是，"情人眼里出西施"这句古老的谚语不仅适用于科学，也适用于我们的生活。我们对某些迷人或美丽事物的欣赏其实具有高度主观性。和其他人一样，当面对新的主题和新的思维方式时，科学家也会有望而生畏的感觉。如果你在缺乏合适引导的情形下贸然接触某个新知识领域，它会显得非常不可捉摸、让人无法亲近。然而我的观点是，如果努力尝试，我们几乎总是可以更好地理解一个曾经对我们来说莫测高深的想法或概念。只需要保持视野和思想的开放，花点必要时间吸收和消化知识，我们就能做到——不一定能达到专家水平，但足以让我们理解想要知道的事情。

让我们以彩虹这个自然界中最简单又常见的现象为例[1]。我们都同意彩虹是一种迷人的景象，如果我向你解释形成彩虹的科学原理，它的魅力是否会减弱？诗人济慈曾声称，牛顿"将彩虹还原为光谱，从而摧毁了彩虹的所有诗意"。在我看来，科学不仅不会破坏它的诗意，反而提高了我们对自然之美的感受。这取决于你怎么想。

彩虹来自阳光和雨水的结合，它背后的科学原理的美妙程度丝毫不亚于这一景象本身，也就是我们在雨后看到的那道奇异彩色弧线。"破碎的"阳光构成了彩虹的主材料，阳光对亿万滴雨水的撞击则构成了彩虹的主要加工过程。当光线进入每一颗小水滴时，组成阳光的所有单色光会放缓并以不同的速度传播，弯曲并彼此分离，这一过程被称为折射[2]。然后它们在水滴的背面反射，离开水滴时穿过水滴正面，又

---

1 在此处我援引彩虹的例子，其实是其他科学作家常用的做法，如卡尔·萨根（Carl Sagan）的《魔鬼出没的世界：科学，照亮黑暗的蜡烛》(*The Demon-Haunted World: Science as a Candle in the Dark*)和理查德·道金斯（Richard Dawkins）的《解析彩虹：科学、虚妄和对奇观的嗜好》(*Unweaving the Rainbow: Science, Delusion and the Appetite for Wonder*)中都曾出现过彩虹的例子。我希望对这些书非常熟悉的读者为对这个例子仍感新鲜的新读者考虑，能够体谅我遵循这一"传统"的做法。——作者注（以下如无特殊说明，脚注均为作者注）

2 阳光或白光是由许多颜色的光组成的，每一种颜色的光都有不同的波长，当它遇到空气或水等介质时，传播速度就会减慢，但每一种颜色的光因波长不同而具有不同的减速率，最后导致每种颜色的光有不同的折射角度。

发生第二次折射,最终展开形成彩虹。如果我们测量阳光和从雨滴中折射出不同颜色的光线之间的角度,会发现它们之间的角度从40度到42度不等,其中紫光的折射率最大,因此构成了彩虹最内侧的颜色,红光的折射率最小,因此构成了彩虹外边缘的颜色(如图所示)[1]。

更令人感到惊奇的是,这条碎裂阳光的弧线实际上只是一个圆的上端部分——你可以把从你眼睛到彩虹之间的光线想象成一个圆锥体,圆锥体的尖端位于我们的眼睛。因为我们站在地面上,只能看到圆锥的上半部分。但是,如果我们能飘到天空中,就会看到整个彩虹是一个完整的圆圈。

你无法触摸彩虹,它没有实体,它也不存在于天空中任何特定位置。彩虹是自然界与我们的眼睛和大脑之间无形互动的结果。事实上,没有两个人会看到相同的彩虹。我们看到的彩虹是那些光进入我们每个人眼睛后形成的,所以每个人体验到的都是他自己独特的彩虹,这是大自然为我们创造

---

[1] 我所描述的彩虹类型被称为主虹,我们有时也可以观察到出现在主虹外侧的、较为昏暗的第二道彩虹。这是阳光经由雨滴内两次反射(而不是一次反射)和两次折射所产生的,在这种情况下,我们只能看到50度到53度角之间的光线。由于双重反射的作用,第二道彩虹与主虹的色彩排列相反,紫色在最外侧,而红色在最内侧。

A

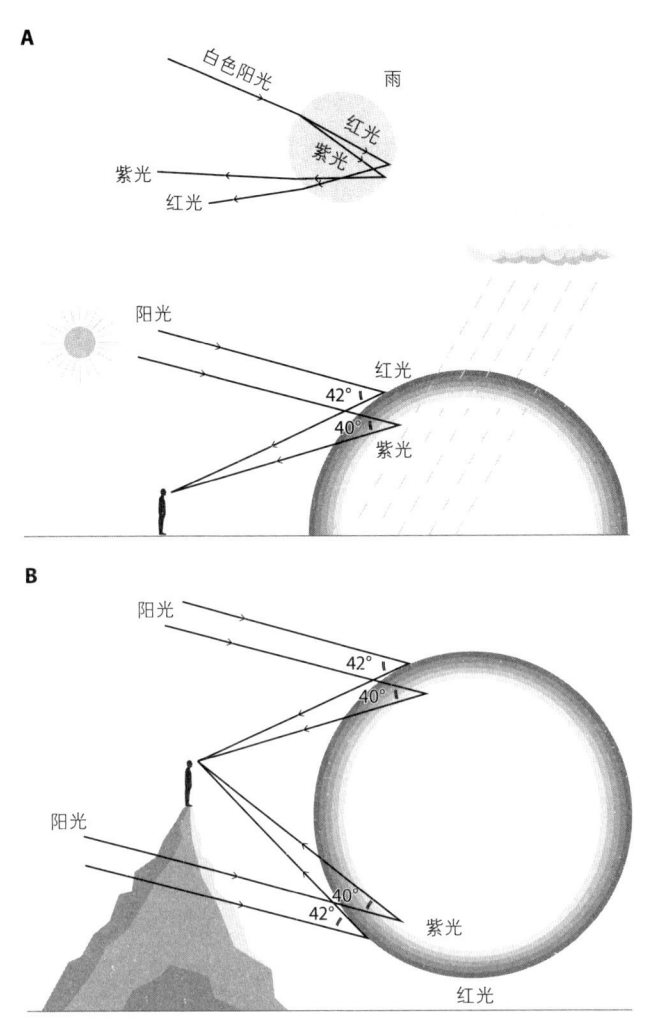

白色阳光
雨
红光
紫光
紫光
红光

阳光
红光
42°
40°
紫光

B

阳光
42°
40°

阳光
40°
42°
紫光
红光

图解彩虹

的，而且只属于我们自己。对我来说，这就是科学带给我们的快乐：对世界有更丰富、更深刻，甚至更私人的认识，如果没有科学，我们就不会有这种感觉。

彩虹不仅仅是一道美丽的色彩弧线，就像科学不仅仅是确凿的事实和批判性思维一样。科学帮助我们更深刻地看待世界，让我们更开明也更充实。愿这本书可以把你带入一个光与色、真与美并存的世界——只要我们都保持开放的视野和思想，相互分享我们所了解的事物，这个世界就永远不会褪色。科学拉近了世界与我们之间的距离，我们越是从近处看，能看到的就越多，想知道的也就越多，我希望你们能和我一样，承认科学的奇迹和乐趣。

引 言

当我在 2021 年春天写下这番话时,虽然我们的生活仍在遭受新冠肺炎大流行的冲击,但我们也看到世界各地的人看待科学的方式正发生翻天覆地的变化,包括科学对社会的意义和价值、科学研究是如何进行的、科学假设是如何接受检验的、科学家们如何开展研究以及他们如何相互交流进展和成果等等。简而言之,在病毒肆虐、到处笼罩愁云的今天,科学和科学家受到了前所未有的关注。当然,这场与 SARS-CoV-2(新型冠状病毒)的竞赛——包括理解病毒的感染与传播机制,并寻找战胜它的方法——凸显了一个事实:离开科学,人类无法生存。

尽管总有一些人害怕科学,对科学怀有猜忌之心,但我看到世界上绝大多数人对科学及**科学方法**(scientific method)表现出了感激与信任。因为越来越多的人意识到，人类的命运并没有掌握在从政者、经济学家或宗教领袖的手中，真正的主宰者是我们通过科学所获得的关于世界的知识。同样，科学家们也开始意识到，不能仅仅满足于保留自己的研究发现，还必须尽可能真诚、透明地向全世界公众解释科学家们是怎样工作的、在探求什么问题、取得了什么成果以及新获得的知识如何能得到最有效的利用。今天，在非常现实的层面上，我们所有人的生活都取决于世界各地成千上万病毒学家、遗传学家、免疫学家、流行病学家、数学模型学家、行为心理学家和公共卫生科学家，他们正在共同努力战胜一种致命的微生物。但是，科学事业的成功也要依赖公众意愿，需要公众——无论在集体层面还是个人层面上——充分利用科学家所提供的知识，为自己、为所爱的人以及为所生活的社会做出明智决策。

科学持续取得的成功——无论是为了应对21世纪人类面临的重大挑战，如流行病、气候变化、消除疾病和贫困，还是为了发明奇妙的技术，如火星探测器、脑机接口、人工智能，或者仅仅是为了更多地了解我们自己以及我们在宇宙中的位置——都有赖于科学家和大众之间公开、真诚的合作关系。不过，这只有在政客们放弃当前盛行的孤立主义和民族主义思维的前提下才能实现。疫情不分国界、文化、种族、宗教。作为一个物种，我们面临的其他重大问题也同样不分国界、文化、种族、宗教。因此，就像科学研究本身一样，解决这些问题也必须要求全民集体协作。

与此同时，地球上近80亿人类居民时常在日常生活中那令人困惑的信息浓雾里磕磕绊绊前行，他们也需要"导航仪"为自己指点迷津，做出决策并采取行动。那么，我们怎样才能退后一步，更客观地看待这个世界和我们自己呢？我们怎样才能理清所有复杂问题，为我们自己和彼此做得更好？

事实上，复杂性不是什么新鲜事，错误信息和困惑也不是什么新鲜事，我们的知识体系存在巨大空白更不是什么新鲜事，我们面对的世界就是这么令人生畏、费解而又势不可当，这些对我们来说都不应该是新鲜事。科学的建立恰恰与此有关，我们在试图理解混乱而复杂的世界时会遇到许多困难，人类提出科学方法正是为了应对这一问题，我们每一个人——无论是科学家还是大众——都会陷入充满信息的世界，它不断提醒我们承认自己的无知。我们能做些什么呢？我们为什么要为此做些什么呢？

在这本书中，我归纳整理了一份简短的通用思维指南，可以帮助你更科学地思考和生活。在继续阅读之前，你可能需要花点时间问问自己：我是否想要了解真实的世界？我是否希望基于对世界的了解而做出决定？我是否期待用掌控感和兴奋感来缓解对未知的恐惧？如果你对上述问题都想回答"是"，或者你还不确定自己的答案是什么，那么也许这本书可以帮助你。

作为一名从事科研工作的科学家，我不会自夸要传授什么艰深玄奥的智慧，我当然希望这本书的语气中没有任何优越感或倨傲的态度，我的目标只是解释科学思考如何能让你评判并把握世界抛给你的各种复杂、矛盾的信息。这本书不包含道德哲学的教导，也没有能帮你更快乐或更有控制力的生活技巧与自愈技术。我要说的是科学的核心是什么以及实践它的方式：一种几个世纪以来在人类对世界的探索中经过反复考验的可靠方法。然而它之所以对我们如此有益，更深层的原因是它可以武装我们的头脑，让你我这样的人可以理解人类知识的复杂性，让我们遇到未知事物时更自信、更富有洞察力。长久以来，人类从科学研究的思维方式中广为受益，所以我认为这种思维方式值得与大家分享。

在我阐述为什么我们都应该更科学地思考之前，我需要谈谈科学家们到底是如何思考的。同其他人一样，科学家们也生活在现实世界中，我们每个人在日常生活中遇到未知事物和做出决策时，都可以遵循所有科学家共同具备的思维方式，这本书的主题正是与大家分享这些思维方式。事实上，科学思维方式应该人人都能掌握，可人们似乎认识不到这一点。

首先，不同于许多人所想象的，科学不是关于世界的事实的集合——那应该算"知识"。准确地说，科学是一种思考和理解世界的方法，这种方法可以带来新知识。当然，获得知识和洞见的途径有很多，比如通过艺术、诗歌、文学、宗教文本、哲学和辩论获得，通过沉思和冥想获得。然而，如果你想知道世界到底是怎样的——像我这样的物理学家有时称之为"现实的真实本质"——那么科学就有很大的优势，因为它依赖于"科学方法"。

何谓科学方法

当我们谈到"科学方法"时，似乎在说开展科学研究有固定的模式，这种想法是错的。宇宙学家提出解释天文现象的奇妙理论；药学家利用随机对照试验（randomised control trial）来测试一种新药或新疫苗的疗效；化学家在试管中混合化合物，观察它们有何反应；气候学家创建复杂的计算机模型来模拟大气、海洋、陆地、生物圈和太阳的相互作用及运行模式；爱因斯坦通过解代数方程和深刻思考，推算出时间和空间可以在引力场中弯曲。可以说上述所有这些科学活动都有一个共同的主题贯穿其中，都涉及对世界某些方面的好奇心——如空间和时间的本质、物质的性质、人体的奥秘——以及对更多知识、更深刻见解的渴望。

但这是不是太笼统了？确实，历史学家也很好奇，他们也会为了检验一个假设或揭示一些关于历史的未知之谜而寻找证据。那么我们应该把历史看作一门科学吗？还有那些声称地球是平的的阴谋论（conspiracy theory）支持者，难道他们不也是像科学家一样好奇，而且像科学家一样热衷于寻找支持某一主张的理性证据吗？为什么我们会说它们不"科学"呢？答案是，不同于科学家，甚至也不同于历史学家，"地平说"阴谋论者并不准备否认他们原本支持的观点——即便将无可辩驳的证据摆在他们面前，比如NASA（美国国家航空航天局）从外太空拍摄的地球图像。显然，仅仅对世界感到好奇并不意味着一个人在进行科学思考。

科学方法有许多区别于其他意识形态的特性，如可证伪性（falsifiability）、可重复性（repeatability）、强调不确定性以及承认错误的价值等等，我们将在本书中逐一讨论这些问题。但是现在让我们先简单地看一下科学方法与其他不那么"科学"的思维方式所共有的几个特征，以便表明，从这些特征中单独拿出任何一个都不足以作为科学标准的充分条件。

在科学研究领域，人们会反复地检验和质疑一个假说，即使这个假说已经具备了压倒性的支持证据。这是因为科学理论必须是可证伪的，也就是说，科学理论必须能够被证明是错误的[1]。要理解这一点，我们可以看一个经典例子。我提出一个科学理论：所有的天鹅都是白色的。这个理论是可证伪的，因为你可以通过找到不同颜色的天鹅来证明它是错

---

[1] 这一观点是由哲学家卡尔·波普尔（Karl Popper）在20世纪30年代提出的，它指的是如果一个理论可以被证据反驳或推翻，那么它就具有可证伪性（或可反驳的），证据可以来自观察、实验室测量或是数学逻辑推理。可证伪性并不是说科学理论必须是错的，而是强调科学理论必须存在出错的可能性，这样才能对其进行检验。

的。如果你发现了与我最初理论相矛盾的证据，那么这个理论要么被修正，要么被抛弃。而阴谋论之所以不能算科学，是因为再多相反证据也无法扭转阴谋论支持者的想法。事实上，一个彻头彻尾的阴谋论者能够把任何证据都视为支持自己观点的证据。科学家则采取截然不同的做法，我们会根据新数据改变想法，我们接受的专业训练教导我们要避免绝对正确性，不要成为那种坚持世上只有白天鹅存在的狂热者。

科学理论也需要通过实证证据的检验。也就是说，我们应该能够使用科学理论做出预测，然后看看这些预测是否可以在实验或实际观察中得到证实。不过同理，光凭这一点不够，毕竟星象图也能做出预测，如果预言成真，能让占星术成为一门真正的科学吗？

让我给你讲讲运动速度比光速还快的中微子的故事。根据爱因斯坦在 1905 年发表的狭义相对论，宇宙中没有任何物体的速度能超过光速，物理学家现在非常确信这是真的，他们普遍认为，如果测量结果显示某物质的运动速度超过了光速，那么一定是测量本身存在错误。2011 年发生在物理学领域的一个新闻事件恰好复演了这一过程，在一项针对中微子这种亚原子粒子的实验中，研究团队称他们测量发现中微子的运动速度已超越光速。大多数物理学家不相信这个结果，这是因为他们过于教条、思想保守吗？外行人可能会这么认为。考虑另一种情况，占星家声称你的星象在周二进入福点，你会迎来好运，而当天这一预言成真，老板宣布给你升职加薪。在第一种情况下，理论假设与实验数据相矛盾；在第二种情况下，基于理论假设做出的预测被证实了。那么，我们怎么能说相对论是一个正当的科学理论，而占星术不是呢？

后来的事实证明，物理学家的选择是正确的，他们确实不应该如此轻易地放弃相对论，因为进行中微子实验的团队很快就发现，计时装置上的光纤电缆连接不正确，修复这个故障后就不会再出现中微子的速度快过光速的结果了。事实上，如果这个实验的初始结论是正确的，也就是中微子的速度真的比光速快，那么其他成千上万证明相反结论的实验只能是错的。对于出人意料的实验结果，我们有合理的解释，而相对论始终站得住脚。我们相信相对论，并不是因为它经受住了一个实验结果（最终发现是错的）的挑战，而是因为许多其他实验结果已经证实了这一理论的正确性。换句话说，这个理论是可证伪的，是可检验的，但它又经受住了考验，它仍然很强大，与我们所知道的关于宇宙的很多真相相符合。

相比之下，占星术预测准了，完全是凭运气，无法用物理机制解释。例如，占星术发明以来，地轴已发生过移动，你可能并不出生在你以为的那个星象之下。更重要的是，现代天文学对恒星和行星真实特征的认知从根本上让所有占星术理论都失去了意义。按照科学的理解，太阳以外的恒星距离我们都很遥远，它们的光要经过几年、几十年甚至几万年才达到地球，而它们对地球产生的引力也非常微弱。如果占星术是正确的，如果恒星会影响我们纷乱繁杂的日常事务，那么这意味着所有的物理学和天文学知识都不得不被丢弃，我们要用非理性、超自然的理论取代现有的一直很好用的科学理论，而我们现代社会的所有技术都建立在这些科学理论的基础之上。

另一个人们经常听到科学方法的特征是，科学具有自我纠错机制。但是，由于科学只是一种程序，是人类了解并探测世界的途径，因此认为科学本身具有某种能动性的想法是不对的。科学自我纠错的真正含义是科学家们会互相纠错。科学事业终究是要靠人来开展的，我们都知道是人就会犯错，而现实世界又充满了各种复杂性与迷惑性。因此，我们会测试彼此的想法和理论，我们会质疑，会争论，我们会解释彼此的研究数据；我们会倾听，会修正，会改进——有时如果其他科学家（或者我们自己）发现我们的一个想法、一个假设或一个实验结果有缺陷，我们可能完全放弃它。至关重要的是，我们认为这是一种优势，而不是劣势，因为我们不介意被证明是错误的。当然，我们希望自己的理论或对数据的解释是正确的，但当有强有力的相反证据出现时，我们不会固守原来的观点。如果我们错了，我们就错了，我们不能逃避，也不会尝试逃避。这就是为什么我们在宣布自己的想法之前，会尽最大努力让它们经受我们能想到的最严苛的评判和检验，即使这样，我们也会"公开透明地展示研究内容"，并量化研究结论的不确定程度。毕竟，即使我们到处寻找黑天鹅却找不到，也不意味着黑天鹅真的不存在，它可能在世界上某个我们还未踏足的角落。

当谈论所谓的科学或非科学时，我并不是说存在一系列严格的评判标准，就像有一张表，当我们在这张表的每个框里都打上钩时，才算符合科学的要求。因为在科学研究领域，我们能找到大量例子，它们不满足科学方法的一个甚至多个标准，但它们确是科学理论。眼下我就能想到几个我所在的物理学领域的例子。比如超弦理论，这种理论认为宇宙的基本单元不是粒子，弦在空间中运动才产生了各种粒子，所有物质都是由振动的弦组成的——难道由于我们（还）不知道如何检验它，无法为它赋予可证伪性，所以它就不是科学？再比如大爆炸宇宙论和宇宙膨胀理论，难道因为它们不可重复，所以就不是科学？科学事业的范围过于广博以至于它很难被整齐地密封打包，同时我们也不应该把科学密封打包，将之与历史、艺术、政治或宗教等其他事业截然分隔开。这本书不是要明确科学方法与其他方法的区别，也不是要揭露科学方法的局限和瑕疵。相反，我的目标是提炼出科学方法中最精华的部分，并讨论如何将之应用到我们日常生活中，产生实际效益。

当然，在现实世界中，科学研究有许多可以改进的地方，例如，如果主流科学是由白人所主导的，其正当性也主要是由西方世界的白人所决定的，那是否意味着它会被某些有意或无意的偏见玷污？如果没有分歧和不同观点，所有的科学家都以相似的方式观察、提问、思考和解释，那么科学家这个群体就很难像他们所主张或希望的那样坚持客观性。

解决方案是，科学实践应该在性别、种族、社会和文化背景等各个方面保护与吸纳多样性。科学之所以能产生巨大价值，是因为这项事业是由那些对自然世界充满好奇心的人推进的，他们会从尽可能多的不同层面和视角来检验自己与他人的观点。如果不同群体共同参与科学研究，当特定研究领域内所有参与者就某些知识达成了共识时，我们会更信任这些结论的客观性和真实性。科学的民主化可以防止科学"教条"带来的伤害，教条会导致某个学科领域的所有科学家接受一套共同的理论假设，认为它们是绝对真理，不再提出怀疑，以至于反对的声音也会被压制或排斥。教条和共识有时容易被混淆，但二者之间有一个重要区别。那些确立已久的科学观念经受了各种类型的质疑和检验后依然屹立不倒，它们有资格成为科学团体所普遍接受和信任的理论，当然不可否认，早晚有一天它们会被改进或取代。

如何遵循科学方法

社会学家认为，要真正理解科学是如何运作的，我们需要将其嵌入更广泛的人类活动背景中,包括文化背景、历史背景、经济背景和政治背景等等。当像我这样的人从科学从业者的角度简单讨论"我们如何开展科学研究"时,他们也会说,太天真了,科学比这复杂得多。他们还会坚持认为,科学不是一种价值中立的活动,因为所有的科学家都有动机、偏见、意识形态立场和既得利益,就像其他人一样,科学家也会努力获得晋升、提高声誉、巩固自己经多年时间发展出的理论。即使研究人员本身没有偏见,他们背后的资助人和资助机构也会有偏见或私人动机。我觉得这样的评价有些过度揣度他人之心了。虽然那些从事科学研究的人几乎不可避免地有自己的价值观和立场,但他们的科学知识应该是没有价值立场的。这有赖于科学方法的工作模式,如自我纠错、以证据为基础、接受反复检验以及重视可再现性等,前文已提到过这些内容,接下来还会详细讨论。

从我的立场出发,我当然会这么说,对吧?毕竟,我想让你们相信我是客观中立的。然而事实是,无论我多么努力,多么自我标榜,我都不可能做到完全客观,也不可能没有自己的价值立场。但我所研究的领域——相对论、量子力学或恒星内部的核反应——都是对外部世界的中性描述,遗传学、天文学、免疫学和地质学也是如此。我们所获得的关于自然世界的科学知识不会因为探索者身份的变化而发生变化——假设他们说的是不同的语言，或者他们有着不同的政治、宗教或文化背景，那些他们提出的科学结论应该依然同现在一样，当然前提是他们诚实正直并坚守科学原则。不过另一方面，科学研究主题的优先次序——科学家会提出、强调并着重解决哪些问题——则取决于在特定历史时期与特定地区人们最关心的事情，或者取决于有权决定哪些事情值得重视的人，这些因素就可能会受到文化、政治、哲学或经济的影响。例如，在一个较贫穷的国家，理论物理比实验物理更有可能得到资助，因为笔记本电脑和黑板要比激光扫描仪和粒子加速器便宜得多。另外，哪些问题受到重视以及哪类研究更容易得到资助同样也会受到偏见的影响，因此，我们的领导和权力阶层越是能容纳多样性，就越是能保护科学事业的前途不被偏见干扰。所有这一切都说明，我们对世界本质的认识——通过良好科学研究而获得的知识——不应取决于谁开展了这项科学研究。在针对某个主题的研究中，一位来自知名机构的科学家获得的结果可能会与另一位来自非知名机构的科学家有所不同，但他们当中没有谁有资格声称自己的结果在准确性方面天生更具优势。基于科学的特征及证据的积累，真相终会水落石出。

许多人会对科学家的动机持怀疑态度，他们认为，科学作为一种方法，其主导者是人，因此科学永远不可能价值中立。正如我们所讨论的，在某种程度上他们是正确的。无论科学家们如何认为自己对知识和真理的追求是客观和纯粹的，都必须承认，希望所有科学都价值中立的想法是不切实际的。首先，科学承载着外在价值，例如关于我们应该研究什么以及不应该研究什么的科学伦理原则，同时还有与公众利益相关的社会价值，在决定哪些科学研究能够顺利开展以及能获得资助时，这些外在价值会发挥重要作用——当然，偏见可能在其中发挥负面影响，所以我们必须警惕并努力消除偏见。其次，科学承载着内在价值，如诚实、正直和客观，这是从事研究的科学家所应秉持的价值坚守。当然在涉及科学研究的外在价值时，科学家也享有发言权，因为他们要对自己的研究结果负责，他们有义务谨慎考虑研究的后续问题，包括研究结果如何应用、研究结果可能导向哪些政策以及公众对研究结果的反应等等。遗憾的是，科学家们在讨论科学的价值中立问题时常常把不同价值混为一谈，探求纯粹知识时（比如天体运行规律）应追求价值中立，但环境科学或公共卫生等领域的研究则难免要承载价值立场，二者不是一回事[1]。

现在假设我们都同意，现实世界中的科学并非完全价值中立，而通过良好科学方法获得的科学知识是价值中立的，接下来让我们继续探讨公众对科学的其他看法，包括合理的和不合理的。

科学进步无疑使我们的生活更加轻松舒适。依靠通过科学揭示的知识，我们已经能够治疗恶性疾病，发明智能手机，并向外太阳系发送太空探测任务。但这种成功有时会产生负面影响，给人们以虚假的幻想和不切实际的期望。许多人会被科学的成功蒙蔽，因而他们会相信一些听起来很"科学"的报告或营销宣传——无论那些说辞多么夸张，那些产品看起来多么虚假。这不是他们的错，因为区分真正的科学证据和基于伪科学概念编造的误导信息并不总是那么简单。

大多数人往往不太关心科学研究过程本身，而更关心科

---

[1] 关于这一问题的精彩描述，可参阅希瑟·道格拉斯（Heather Douglas）的著作《科学、政策和价值中立的理想》(*Science, Policy, and the Value-Free Ideal*)。

学可以达成什么成就,这是可以理解的。例如,当科学家声称研制了一种新疫苗时,公众想知道它是否安全有效,他们要么相信研究疫苗的科学家知道自己在做什么,要么会对科学家或他们资助者的动机产生怀疑。很有可能,只有该领域的其他科学家才会深入分析这项研究是否在声誉良好的实验室进行,疫苗是否通过了严格的随机临床对照试验,研究报告是否发表在知名学术期刊上以及是否通过了恰当的同行评审,他们还想知道研究结论是否具有可重复性。

当科学家意见相左时,或者当他们对结果表示不确定时,公众需要决定相信谁或相信什么,这也会造成困扰。虽然在科学研究领域这些现象都是完全正常的,但公众却会怀疑:如果科学家自己都对结论不确定,他们又怎么能相信科学家说的话?如何让公众恰当地理解不确定性和意见不统一的重要意义,是我们今天面向公众展示科学研究成果时面临的主要问题之一。

如果这些建议——尤其是关于公共卫生问题的建议——不仅相互冲突,而且还存在科学界以外的其他源头,如新闻、从政者、在线帖子或社交媒体,公众可能会更加困惑。在现实世界中,科学发现要经过层层过滤才能到达公众面前：实验室或大学的宣传人员必须从一篇复杂的科学论文中提炼出简单信息，记者们要寻找抢眼的标题并可能重新编撰科学新闻内容，网友在网上传播信息时大概率会对内容进行再次加工。这些内容没准就涉及新冠肺炎大流行期间应该采取的预防措施、电子烟的风险或使用牙线的优势等等。随着原始信息的改造、发展、传播，人们对它的看法也会变化，最终我们大多数人只会相信我们愿意相信的内容。许多人不会做出谨慎的、基于证据的评判，他们会把那些符合他们偏见或先入为主观念的信息视为真理，而忽略他们不想听的信息。

在我继续分析之前，我还应该就科学家为政府提供的决策建议再强调几点。虽然科学家们可以提供他们所拥有的所有证据，包括通过实验室实验或计算机模拟获得的研究结果、临床试验数据、各类统计图表，以及从这些结果得出的结论，但最终如何处理这些科学建议取决于从政者。科学家会基于自己的专业领域及专业特长提出建议，因此流行病学家、行为学家和经济学家可能对同一问题做出不同视角的告诫，如在抗击新冠病毒时采取何种措施对民众最有利，而接下来从政者们则需要权衡不同（有时甚至完全矛盾）做法的成本和收益。例如，流行病学家会评估晚一周采取封控措施会导致多少额外的感染和死亡人数，经济学家则可能计算出将封控期缩短一周可以使 GDP（国内生产总值）少损失多少，而这相当于挽救了更多的生命。两位专家的结论都以模型预测为基础，考虑到纳入了完备的数据和模型参数，模型预测可能非常准确，但他们的预测结论却不同。决策者和从政者的职责就是选择他们认为最好的行动方案，而公众也需要做出选择。一个群体中有越多的人能够以公开透明的方式接触这些结论，并愿意通过主动学习来理解这些结论的意义，他们就越有能力做出可靠选择。这既是社会决策民主化的一种体现，也能让民众切实受益。

科学与政治不同，它只是一种人类认识世界的方法和途径，不涉及意识形态或信仰体系。我们知道，从政者们不会仅仅依据科学证据来制定政策。因此，即便有了明确直接的科学结论，当牵扯到复杂的人类行为和社会互动时，决策从来都不可能保持价值中立。而且我必须（有些不情愿地）承认，政治决策也不应该保持价值中立。

与大多数人一样，从政者也总是对那些与他们的偏见或意识形态一致的科学结论更感兴趣。他们会挑选符合他们目的的结论，这些结论往往受到公众舆论的影响，而公众舆论其实又会受媒体、官方发言或科学家自己对科学结论的解释的引导。科学、社会和政治之间会形成复杂的反馈循环。为了防止你们认为我对从政者太过于挑剔，我首先要承认，科学家不是选举产生的，科学家的职责不是决定实施什么政策。我们所能做的是尽可能清晰地向从政者和大众传递科学信息，并基于目前最可靠的科学证据提供指导意见。我们可能对某个问题有强烈的个人态度，但这不应该影响我们给出的建议。在一个民主国家，无论我们是否支持某个政府，最终做出政治决策并对这些决策负责的是民选的从政者，而不是科学家。但毫无疑问，如果我们有更多受过科学训练的从政者，以及有更多具备科学素养的民众，整个社会将受益无穷。

幸好，这本书并不准备谈论科学、政治和公众舆论之间的复杂关系，而是要探讨我们如何将科学方法中的那些"最佳特征"引入日常生活中，帮助我们形成决策和判断。对世界的好奇心、敢于质疑、注重观察和检验、合理推测、重视证据而不是观点、坦然接受不符合我们先入之见的想法——科学方法就是这些特征的组合。

接下来的内容可以概括为一份让我们更理性思考与选择的行动指南，每一课都是基于科学方法的某些特征而提炼出的建议。你会发现，用更科学的方式来理解这个世界，可以引领我们走向更好的未来。

第 1 课

真理与真相

——

它们确实存在

你遭遇过多少次这样的情况？你与朋友、同事或家人发生了争吵，或者更糟糕一些——争执的对象是社交媒体上的陌生人，此时你说出了自认为显而易见的事实，然而得到的回应却是"好吧，这只是你的观点"，或"这只是看待问题的一种方式"。这种回答伴随的语气可能彬彬有礼，也可能咄咄逼人，但无论如何，它都是一种"后真相"（post-truth）现象的典型例子，它有狡猾、隐蔽的一面，同时令人不安。根据《牛津词典》的定义，"后真相"指"某种情况下，公众不愿自己的观念为客观事实所左右，而更倾向于诉诸情感和个人信仰"。"后真相"现象在我们这个时代是如此普遍，以至于它甚至成为2016年的"年度词"。哪怕是已被明确证明的事情，只要不受我们待见，就可以被随意摈弃——如今我们和客观、真实的疏远程度是不是有点过头了？

虽然我们身处文化相对主义（cultural relativism）盛行

的后现代世界，但面对各种文化和政治问题时，互联网，尤其是社交媒体却越发将我们的社会推向观点两极化的境遇。我们被要求选边站队，每个人都要就"真相"发表明确声明。当一个显而易见的错误论断与有可靠证据支持、无可辩驳的事实发生交锋时，由于受特定意识形态信仰的驱使，前者竟然占据上风，这种情况下我们就见证了"后真相政治"（post-truth politics）现象是如何运作的。在社交媒体上，它常与阴谋论联动，也常出现在民粹主义领导人或煽动者的宣言中。可悲的是，这种非理性思维方式已经主导了许多人的惯常认知，包括他们对科学的看法。所以我们经常在社交媒体上看到，一些人在提出主张时更习惯依赖观念，而不是证据。

在科学体系中，我们会用不同的模型来描述自然现象，用不同途径来搭建科学知识框架，以及创造不同的叙述手法——一切都取决于我们到底想要阐释现象或机制的哪一方面，但这并不是说世界上有不同的事实。像我这样的物理学家试图揭示关于"世界到底如何运行"的终极真理，这些真理的存在完全独立于人类的感情和偏见。取得科学知识进步不是件容易的事，但只要承认"真理在那里"，我们就可以朝着这个目标努力奋斗，我们的使命就会更加明确。遵循科学的方法——对理论进行质疑和验证，重复观测和实验——能让我们更接近真理。即使在纷繁混乱的日常生活中，我们仍然可以采取科学的态度来了解事情，从而让我们的视线穿透迷雾，直抵真理彼岸。因此，我们必须学会察觉并剔除那些"基于文化的真理"或"由意识形态驱动的真理"，理性地检视它们。当我们遇到被称为"另类事实"的谎言时，我们必须记住，提倡和拥护这些谎言的人并不是试图用可信的阐述来取代原本的事实，他们只是在传播一些对事实似是而非的怀疑，为自己的意识形态服务。

我们需要承认客观真理的存在，并着手步步探求。在许多日常生活场景中，这种做法不但高效、实用、符合我们的自身利益，而且可以产生远不止于此的巨大价值。可我们该如何获取真理呢？——不是我所相信的真理或你所相信的真理，不是保守主义的真理或自由主义的真理，不是西方的真理或东方的真理，而是关于事物本身的真正的真理，不管有多平凡。我们该向谁求助？该如何确定信息来源的真实性和客观性？

有时我们很容易看出为什么某人、某团体或某组织会支持特定立场，因为他们有直接动机或相关利益。例如，如果烟草业的销售代理告诉你，吸烟并不会真的有损健康，这一行为的健康风险被夸大了，那么你应该毫不迟疑地无视其言论。毕竟这是符合他们身份的话，对吧？但人们常常自以为是地在不必要的时候也使用相同的逻辑推理。例如，假定一位气候学家说地球气候正在迅速变化，为了避免无可挽回的灾难性后果，我们需要改变生活方式。否认气候变化的人在反击时可能会说："他们当然会这么呼吁……给他们付薪水的可是'X'。"（这里的 X 可能是环保组织或绿色能源公司，也可能是持自由主义立场的学术机构。）

我并不否认在某些情况下这种冷嘲热讽可能有合理的一面，因为我们都能联想到一些基于特定意识形态或利益动机而开展研究的案例。我们还必须警惕所谓的数据捕捞（data dredging）——也被称为"p 值操纵"（p-hacking）——这种做法的套路包括故意误用数据分析，做出一些具有统计显著性的结果，然后只报告对自己有利的结论[1]，我将在第 6 课讨论证真偏差（confirmation bias）时对此做更多说明。但除

---

1 例如，参见 M. L. Head et al., "The extent and consequences of p-hacking in science", *PLoS Biology* 13, no. 3（2015）: e1002106, doi: 10.1371/journal.pbio.1002106。

了这些不可避免的偏差外，人们之所以会怀疑或否认科学发现，往往还是因为他们对科学研究的运作模式缺乏正确认识。

在科学领域，经过科学方法验证的解释可以被看作关于世界的既定事实，它能进一步增加我们累积的科学知识……这个事实是不会改变的。让我给你们讲一个我最喜欢的物理学例子。伽利略提出了一个能够计算物体下落速度的公式，但他的公式不仅仅是"一种理论而已"。4个多世纪后，我们仍然在使用它，因为我们知道它是真的。如果我把一个球从5米高的地方扔下去，它的落地时间是1秒——不是2秒也不是半秒，而是准确的1秒[1]。这就是一个关于世界的既定、确定的真理，永远不会改变。

与之形成对照的是，当涉及人类复杂的个体行为（心理学）或彼此在社会中互动的方式（社会学）时，一些结论难免存在细微差异或模糊暧昧之处，这表明"真理"有时确实不止一个，具体情况要取决于我们如何看待世界。但在物

---

[1] 事实上，它需要1秒多一点的时间（更接近1.01秒），而精确的数值取决于我在地球的什么位置扔下这个球。因为地球不是一个完美的球体，因此，下落物体所受引力会因当地的地质情况、海拔高度，甚至与赤道的距离而略有不同。

质世界中就不会这样了,比如一个球落地所需的时间就是确定的。当自然科学家,如物理学家、化学家或生物学家陈述某个结论是否成立时,他们不是在谈论复杂的道德真理,而是在谈论关于世界的客观真理。

为了更好地表明我在说什么,这里列出了几条我随意选择的结论,它们要么为真,要么为假,且其真假不存在可商讨之处,也不为观点、意识形态信仰或文化背景所左右。我们可以用科学方法来证实或排除它们,结论不会随着时间的推移而发生改变。一些读者可能想提出反驳意见,他们也许会说,"这只是你的观点",或者"你凭什么这么肯定?我认为真正的科学总是为怀疑保留适度空间"。然而,列出这些结论就是为了强调,在科学研究中,一旦我们在某些领域获得了更深刻的见解,一些曾经被认为是正确的事可能会变得不正确,因此我们必须始终以开放的心态面对科学中的新观点和新解释。但与此同时,对于一些事情我们是可以肯定的,这千真万确。我之所以如此自信,是因为如果以下结论有任何一条出了错,那么整个科学知识的大厦就需要被推倒重建。更糟糕的是,所有依赖于这些知识的技术都不可能被创造出来,而事实上它们已经被创造出来了。所以我对这些结论非常确信——正如科学研究领域的同行一样。这些结论是：

1. 曾经有人类在月球行走——真
2. 地球是平的——假
3. 地球上的生命是通过自然选择得以进化的——真
4. 世界是大约6000年前被创造出来的——假
5. 地球气候正在迅速变化，主要是由于人类行为——真
6. 在真空中，没有什么能比光速更快地穿过空间——真
7. 人体中大约包含 7×10^{27} 个原子——真
8. 5G基站加快了病毒的传播——假

对于这些例子，每一条我都可以提供大量相应证据来证其真或假，但这样做可太没劲了。我认为真正有趣的是探究为什么有些人会不同意我的观点。我认为，问题出在他们没有进行科学思考。以可证伪性为例，哲学家卡尔·波普尔曾说过，我们永远无法证明一种科学理论是正确的，因为这需要我们以所有能想得到的方式对其进行检验，显然这不可能做到。然而，我们只需要找到某个理论的一个反例就能证明

它是错的,这可能会让你想起我之前提到过的白天鹅的例子。波普尔认为可证伪性是科学研究的一个重要特征,不过他的论点有一个软肋,那就是反例本身可能是错误的,例如实验出现失误。也许,那个能反驳"所有天鹅都是白天鹅"这一说法的棕天鹅只是恰巧身上沾了太多泥,我在引言中提到的著名超光速中微子实验也属于同样情况。不幸的是,阴谋论者正是利用这个漏洞来否认一些证据的真实有效性——这些证据违背了他们偏爱的假说,比如登月是一场骗局,地球是平的,MMR 疫苗(麻疹、腮腺炎和风疹的联合疫苗)会导致儿童患孤独症。他们可以永远宣称,反对他们理论的证据本身是错误的。这是一种误用科学方法的典型示例——一味否认和排斥任何证伪自己理论的证据,但从不在科学上解释为什么这些证据是错的,也从不说明要证明自己的理论是错的到底需要什么样的证据。

相反的情形则更具有戏剧性:尽管存在压倒性的证据,但千真万确的事却被人否认了。否认可以分为几种形式。最简单直白的是**直接否认**(literal denial),它的意思是人们单纯拒绝接受或相信事实。还有一种是**解释性否认**(interpretive denial),指人们接受事实,但会根据个人的理念、文化、政治或宗教信仰对事实做出不同解释。而最值得注意的则是**连带否认**（implicatory denial）——社会学家斯坦利·科恩（Stanley Cohen）创造了这一概念[1]。它指的是，如果 A 意味着 B，而我不喜欢 B，那么我就会否认 A。例如，进化论暗示生命的进化是随机的、没有目的性的，但这违背了我的宗教信仰，因此我干脆拒绝进化论。又如，阻止气候变化需要我改变自己的生活方式，但我不准备这样做，因此我拒绝相信气候变化这一事实，或我们可以对此进行干预的说法。再如，为了阻止新冠病毒传播，我们必须听从政府建议，居家隔离，暂时减少收入，外出时戴口罩，而这些做法限制了我的基本自由，因此我选择不相信它们背后的科学依据。

当然，确凿、精准的科学事实与我们那些杂乱、含混的日常生活真相有很大的差别。当关于某件事的说法与信念、情感、行为、社会互动、决策以及其他数以百万计我们争论不休的问题纠缠在一起时，它往往比简单的黑白之分要复杂得多。但这并不意味着该说法就是不对的，而应该说，它可

---

[1] 科恩在《否认的状态：了解暴行和苦难》（States of Denial: Knowing about Atrocities and Suffering）一书中阐述这一概念，他在这本书中讨论了人们回避事实的各种方式。

第1课 真理与真相——它们确实存在

能并非在所有情况下都完全适用。一个最简单的结论也可能会因情境的不同而有真假之别,它在一些情况下是正确的,但在另一些情况下则不然。其实科学领域也是如此,当我说一个球从 5 米高的地方掉下来需要 1 秒才碰到地面时,我没有提到保证该说法为真的必要背景,即这只适用于地球。如果一个球从离月球表面 5 米的地方落下,就会大约需要 2.5 秒的时间才能碰到地面,因为月球比地球质量小,引力更弱。我使用的是相同的科学公式(万有引力定律),这是确定的真理,但不同场景下我代入的数字是不同的。因此,即使是科学真理也必须考虑情境[1]。

一个简单的真理也能够被不断扩展,给我们带来更多信息及更深刻的见解,这可以把它带到不同方向。例如,无论是在地球还是月球,球落地所需要的时间都是通过牛顿的万有引力定律进行解释的。但爱因斯坦后来提出的相对论让我们对引力的本质有了更深刻的认识。虽然球(在特定情境中)

---

[1] 如果你希望更多地了解真理的性质,那么你可以阅读已故科学哲学家彼得·利普顿(Peter Lipton)的一些作品。例如:"The truth about science", *Philosophical Transactions of the Royal Society B* 360, no.1458 (2005): 1259–69. "Does the truth matter in science?" in *Arts and Humanities in Higher Education* 4, no. 2 (2005): 173-83, doi: 10.1177/1474022205051965.

下落需要的时间是一个永远不会改变的事实，可我们现在更好地理解了这一过程中到底发生了什么。在牛顿绘制的科学画卷中，引力是一种无形的力，它会把球拉向地面。爱因斯坦的解释将其取而代之，根据他的描述，准确说法是质量会使周围时空发生弯曲[1]。可即使是后者这幅更深邃的科学图景，未来也可能被更加触及根本的引力理论取代；但同时，球落地所需时间这一事实是不会改变的。

你可能会想，虽然在科学领域中举出一些真理取决于情境的例子很好，可是这如何在我们日常生活中体现出来呢？想想"运动有益健康"这个论断，你会认为那是毋庸置疑的。但是如果你已经锻炼得太多，或你现在身患的某种疾病让运动对你来说变成一件危险的事情，"运动有益健康"就不是真理了。

有些人认为，在判断某件事是否正确时，个人和文化偏见、社会规范以及历史背景应该被考虑在内。被称为社会建构主义（social constructivism）的理论主张，真理是由社会过程建构的，而且事实上，所有的知识都是"建构"的。

---

[1] 这里我不会讨论更多的物理学细节，但如果你对类似问题感兴趣，可以参阅我近期的著作《物理学中的世界》（*The World According to Physics*）。

这意味着我们对真理的知觉也具有主观性。这一观念甚至已经影响了我们对许多现实事物的科学表述，比如如何定义种族、性取向和性别。有时这种思考视角确实很有意义，然而，如果我们在这条路上走过了头可能就会被导向一个危险的想法，即真理是由社会决定的。在我看来，这纯粹是无稽之谈。

所幸，这不是大多数科学家看待世界的方式。总的来说，科学一直在不断进步，我们关于物质世界的知识也得以不断扩展，这要归功于所谓的科学实在论（scientific realism）。这种思想认为，科学为我们提供了一幅描述现实的地图，它能发展得越来越精确，并独立于我们的主观经验。换句话说，不管我们决定采用什么样的解释方式，宇宙中有一些事实是确定的，如果我们对实际情形有不止一种解释，那么这是我们要解决的问题，而不是宇宙的问题。也许我们永远无法找到对实际情形的正确解释，那么我们所能期望的最好解释就是一个满足科学理论所有标准的解释：例如，它与所有现有证据兼容，能做出可检验的新预测，我们可以对其进行有针对性的验证；或者，我们必须等待后代提出更好的理论或解释，就像爱因斯坦对引力的解释取代了牛顿的解释一样。我想要强调的是，科学家们知道，即使我们目前对物质世界某些方面的理解还不够清晰明了，这也不意味着我们应该怀疑或争论物质世界本身是否存在真理。

所以，存在关于世界的客观科学真理，可这一理念如何帮助我们判断资本主义是好是坏，或评判堕胎是正当的还是错误的？让我们简单地思考几条乍看之下毫无争议的道德"真理"，看看我们是否可以用理性论据来检验它们是客观还是主观的。这里有四个论断：

1. 表现出善意和怜悯是一件好事；
2. 谋杀是错误；
3. 人类遭受痛苦是坏事；
4. 如果一种行为带来的伤害多于福祉，那么它是不好的。

乍一看，你可能会认为这些说法都没什么好争辩的。无疑，它们都算是普遍、确定的道德真理的典型例子。然而，每个论断其实也都必须与情境联系起来。想想第一句话，有人可能会说这只是一种同义重复，你也可以说，做好人是好的。所以在一定程度上，它其实没意义。再看第二句话，谋杀是错误，可如果你有机会在大屠杀发生之前杀死希特勒呢？如果你知道杀死一个人就可以拯救数以百万计无辜的生命，那么杀死他是对的吗？至于第三句，它是关于人类的痛苦的，那么内疚或悲伤怎么说？它们也是一种痛苦，可它们也不好吗？我们是应该尽可能避免所有的痛苦，还是应该拥抱某些痛苦，因为它们为我们的生命赋予了意义？对于最后一个论断，通常一个行动或决定会给一些人带来福祉，但也会伤害另一些人，所以，谁来决定哪个更重要呢？

现在你可以看出，这个世界上存在许多初看起来理所当然的道德真理，但如果我们真的想要从中找出漏洞并不难（就像我们在社交媒体上看到的，当有人说一些他们自认为绝对合情合理的事情时，总有人唱反调）。此外，我们希望接受和遵循的道德真理，不同于球落地时间之类的科学真理。尽管如此，我们大多数人同意，当涉及人类行为规范时，确实存在着一些跨越了时代和文化差异，且全人类都应该去努力遵循和实践的普遍道德特质，如同情、善良和同理心。这些特质之所以在人类和其他高等哺乳动物身上得以进化出现，可能是因为它们赋予了生物生存优势。对于如今的人类社会来说，它们可能并不是我们的生存必需品，但这并不妨碍它们成为令人神往的美好品质。至于上述四个论断，推翻它们并不需要创造出什么反事实情境，仅仅将它们放到不适合的情境中就足以揭示它们并不是绝对正确的。然而，这并不意味着道德真理不存在或不真实，只意味着它们需要被很好地框定，就像一个球下落5米需要1秒是科学事实，但我们也需要将背景框定为地球。

我们在日常生活中要应对许多混乱棘手的问题。通常，关于某一问题的两种截然相反的观点都有可能建基于一个基本真理，因为每一种观点都在其各自适用范围内是合理的。我敢保证，你持有的许多观点都不能直截了当地说是对的还是不对的，而是都基于一个核心真理，再加上无数的假设、迷思、偏见、猜测以及一厢情愿或夸大的想法。然而，如果你愿意付出努力，通常你可以筛掉所有纷杂因素，只留下关于那个问题最简单的事实——它是对的，还是不对的，是黄金般的真理，还是赤裸裸的谎言。然后你就知道在回答一个问题时，如何用信息丰富、见解深刻的观点来组织答案。像科学家一样思考意味着学会客观地研究问题——例如，将整体问题分解后，从不同角度考虑各个组成部分，再适时抽离出来，站在更高层面上用全局视角进行剖析。

当然，我们中的许多人已经这样做了，他们遍及各行各业，从试图侦破悬案的警探，到揭露政治丑闻的调查记者，再到诊断疑难杂症的医生。在所有这些职业中，科学方法都可以被用于分析问题和发现隐藏的真相。虽然从事这些职业的人都受过高度专业化的训练，但我们其实也可以——至少在一定程度上——将同样的基础思维应用到我们生活中。因此，不要只是被动地接受你所看到的或别人告诉你的，要学会审慎地分析，重视所有可靠的证据，考虑所有可能的选项。

总之，尽管人类主观思想世界会体现出种种误差、软肋、偏见和困惑，但关于世界的客观事实是存在的——不管人们是否相信，这些客观真理都是存在的，不要相信那些宣称"不存在客观真理"的说辞。

第 2 课

简单与复杂

——

简洁的解释未必是最好的

有人告诉我们,最简单的解释往往是正确的。毕竟,为什么要把事情复杂化呢?这种论断经常被应用于日常生活中,遗憾的是,不见得在所有情况下它都是正确的。那种认为简单解释比复杂解释更有可能正确的观念被称为"奥卡姆剃刀"(Ockham's razor)原则——得名自英国中世纪修士兼哲学家奥卡姆(William of Ockham)。

在科学领域中,地心说被推翻的过程是这一原理的著名应用事例。地心说是由古希腊人发展出来的,它主张太阳、月球、行星和恒星都围绕着地球运行,而地球本身位于宇宙的中心。地心说模型的核心涉及一个在美学上很有吸引力的想法——所有天体都在完美的同心球体中围绕着我们运动。这幅图景在长达两千年的时间里一直占据着支配地位,可它逐渐变得更加烦琐和复杂,因为人们需要用地心说来解释许多后来观察到的行星运行现象,例如火星在运动时会减慢速度、加快速度，甚至发生逆行[1]。为了"纠正"这种逆行现象，使地心说模型与天文观测结果准确匹配，一种被称为"本轮"的概念被纳入原本的模型中，它指的是在天体绕地球运动的主轨道上还有许多更小的轨道，大量天体在绕主轨道运行的同时还要绕本轮的小轨道运行。后来，该模型还加入了一些其他东西，比如让地球稍微偏离所有其他天体环绕的中心。直到 16 世纪，尼古拉·哥白尼将这种七拼八凑、敷衍凑合的模型扫地出门，代之以更简洁、更优雅的日心说，在这幅图景中，宇宙的中心是太阳而不是地球。实际上，地心说和日心说都"行得通"，因为它们都能预测天体运行轨迹，但我们现在知道，其中只有一个是正确的——哥白尼提出的更简单明了的那个，没有累赘、笨拙附加概念的那个。据说这就是奥卡姆剃刀原则起作用的方式。

然而，上述说法其实并不正确。虽然哥白尼正确地用太阳替换地球作为已知宇宙的中心，但他仍然相信行星运行轨道是完美的圆形，而不是我们现在所知道的那种不那么"优

---

[1] 我们现在知道，这是我们从地球上观察火星运行而产生的误解，火星和地球以不同的距离和不同速度绕太阳运行。地球快一点，因为它离太阳更近，火星的一年相当于地球的 687 天。

雅"的椭圆形——这一结论还要归功于开普勒和牛顿。所以，他实际上并没有彻底放弃地心说模型中那些累赘、笨拙的附加概念，因为他仍然需要它们来修补日心说模型。虽然我们现在了解地球确实绕着太阳转，而不是太阳绕着地球转，但从现代天文学中我们也了解到，太阳系真正的动力学原理远比古希腊人想象的要复杂得多，而不是更简单——这与奥卡姆剃刀原则恰恰相反。

科学史上同样著名的例子还有达尔文的自然选择进化论，它解释了地球上令人难以置信的生物多样性，所有这些生命都是在数十亿年时间里从一个单一起源进化而来的。达尔文的理论基于几个简单的假设：（1）任何一个物种或种群中，个体之间都存在差异；（2）这些差异会世代相传；（3）每一代出生的个体数量大于能存活的个体数量；（4）当生物个体具备更适应环境的性状时，就会获得更高的生存和繁殖概率——就是这样了，进化论听起来很简单吧？然而蕴含在这些不起眼的假设中的，是复杂到让人震惊不已的进化生物学和遗传学理论，它们堪称所有学科中最具挑战性的研究领域。总之，如果我们真的要用奥卡姆剃刀原则作为判断依据，那么在解释地球上生命多样性这个问题时,胜出的必然是非科学的神创论——所有的生命都是被超自然的造物主创造的,这比达尔文的进化论可简单太多了。

所以我们能得到的启发是,最简单的解释不一定是正确的,而正确的解释往往不像它最初看起来的那么简单。奥卡姆剃刀原则应用到科学领域时,并不是指一个新理论能取代旧理论是因为它更简单、包含更少假设。我更支持对奥卡姆剃刀原则的另一种阐释:更好的理论是更**有用**的理论,因为它能更准确地对世界做出预测。简单并不应该成为我们始终追求的目标。

在日常生活中,事情往往不像我们希望的那么简单。化用爱因斯坦的话,我们应该使事情尽可能简单,但不能过于简单。尽管如此,"越简单越好"的观点似乎已经广为传播。如今我们可以看到一种"将论点简单化"的趋势,尤其是在伦理或政治问题讨论中。这种做法忽略了精妙和复杂的关系,将每件事都简化为"最小公约数",把问题简化成表情包和推文,于是所有细微差别都消失了。

当你试图理解这个混乱纷杂的世界时,将复杂问题简化成清晰而明确的观点是很有吸引力的。但你可能忘了,简化复杂性的方法不止一种，一切取决于你选择忽略哪些方面以及强调哪些方面。这意味着，从同一个复杂问题中可以提炼出两种或两种以上完全不同的观点，且每一种观点都被其支持者视为无可辩驳的真理。但是，就像许多科学知识一样，现实生活是琐碎而棘手的，在我们就某事下定决心之前，需要考虑各种因素和注意事项。他们总是说，简单点，不要用细节来蒙蔽我。然而令人惊讶的是，如果我们承认一个问题的复杂性并从不同的角度来研究它，它反倒会清晰起来，也容易理解。

这一观点为物理学家们所熟知。我们说许多事物的性质是"取决于参考系"的。从行驶中的汽车的车窗扔出去一个球，当观察者的参考系不同时——例如在车内或在马路边，这个球的运动速度看起来就是不一样的。球速没有绝对值，所以当乘车人员和路边行人对球速给出不同的估计数值时，他们都是正确的，只要在自己的参考系中就没问题。有时，人们对某事的看法取决于视角和层次。一只蚂蚁所看到和体验到的世界与一个人、一只鹰或一头蓝鲸的世界截然不同。同样，宇航员在太空中对地球的观察与地面上他同伴对地球的观察也不同。

总之，我们如何看待世界取决于自身的参考系，这使得我们更难发现世界到底是"怎样的"。事实上，许多科学家和哲学家都主张，要了解现实的真实面貌其实根本不可能，因为我们只能说我们是如何**感知**到了现实：一切都取决于大脑对感官信号的解释方式。但与此同时，外部世界确实是独立于我们的思维而存在的，我们应该尽量以一种不那么主观的方式去理解它，不要那么依赖我们的参考系。

将解释、描述或论断进行简化并不总是一件坏事。事实上，这种做法非常有用。为了真正理解一个物理现象，揭示它的本质，科学家会试图去除不必要的细节，使其核心显露出来（总是尽可能简单，但不能过于简单）。例如，实验室实验通常是在特殊控制条件下进行的，通过创造人工理想环境，可以有针对性地研究一个现象最重要的特征。可惜的是，当涉及人类行为时，这种做法几乎不适用。现实世界是纷乱的，往往因过于复杂而无法被简化。有一个在物理学领域大家都知道的笑话，一个奶农想要找到一种增加奶牛产奶量的方法，于是向一群理论物理学家寻求帮助。经过仔细研究后，物理学家们终于告诉奶农他们找到了解决办法，但这种方法只适用于真空环境中的球形奶牛[1]。所以，并不是什么事情都能被简化的。

几年前，我在BBC（英国广播公司）制作的广播节目《科学生活》(The Life Scientific)中采访了英国物理学家彼得·希格斯（Peter Higgs），著名的"希格斯玻色子"就是以他的名字命名的[2]。我问他能否在30秒内解释什么是希格斯玻色子。他郑重其事地看着我，然后摇了摇头，我必须承认，当时他的表情中没有丝毫感到抱歉的意味。希格斯解释说，他倾注几十年时光后才理解了量子场论中希格斯机制的物理特性，人们凭什么期待如此复杂的主题可以被浓缩成一个简短片段？伟大的理查德·费曼（Richard Feynman）身上发生过一个相似的故事。20世纪60年代中期，他获得诺贝尔物理学奖后，有记者问他能否用一句话来解释自己获奖的研究成果。于是费曼做出了那个鼎鼎有名的回答："见鬼！

1　建立一个球体的数学模型，比建立一个复杂牛形物体的数学模型要容易得多；而且在一个所有空气都被抽走的真空环境中进行实验，意味着空气影响实验结果的可能性被排除了，当实验涉及可能与空气分子发生碰撞的微小粒子时，这一点很重要。
2　希格斯玻色子是一种寿命很短的基本粒子，在20世纪60年代，包括彼得·希格斯在内的许多理论物理学家都预言了该粒子的存在。2012年时，它终于在日内瓦欧洲核子研究中心的大型强子对撞机粒子碰撞实验中被检测到。

第2课　简单与复杂——简洁的解释未必是最好的

如果我能用几句话解释这是怎么回事，它就没资格得诺贝尔奖了！"

对于不理解的事情，寻求最简单的解释是人类天性使然。如果找到了简单的解释方式，我们就会紧紧抓住它不放手，因为它具有强大的心理吸引力，毕竟我们可能不愿耗费巨大精力去理解更复杂的解释。在这方面科学家没什么不同，即使是最优秀的科学家也习惯如此。1915年爱因斯坦建立了广义相对论，不久后，他将广义相对论方程应用于描述整个宇宙的演化。然而爱因斯坦发现，根据方程的计算，宇宙由于包含了所有物质的引力，所以正在自我坍缩。爱因斯坦知道宇宙似乎并没有在坍缩，他所能做的最简单假设就是宇宙必须是稳定的。因此，他修改了自己的方程，选择了最简单的数学"修正"方案：爱因斯坦引入了一个被称为宇宙常数的数字，这个数字抵消了方程中描述物质累积引力的部分，这样他的宇宙模型就变得稳定了。但没过多久，其他科学家就提出了不同解释：如果宇宙其实是不稳定的呢？如果它真的在变大，而引力根本无法导致它坍缩，只是减缓了它的膨胀过程呢？这一解释在20世纪20年代被天文学家埃德温·哈勃证实。爱因斯坦那时意识到，"修正"已经没有任何必要了,他抛弃了宇宙常数,并称这是他一生中最大的错误。

然而,现在我们发现科学家们又恢复了爱因斯坦的修正方案。1998年,天文学家观察到宇宙不仅在膨胀,而且是在加速膨胀。有什么东西在抵消物质之间的引力,导致宇宙膨胀得更快。由于没有更好的名字,我们把这种东西称作"暗能量"。这个例子很好地说明了随着新证据和新知识的积累,我们对一些现象的科学理解会发生变化。事实是,基于一个世纪前能获得的证据,爱因斯坦选择了最简单的修正方案。但他选择这个方案的理由是错的,他假设宇宙是静态的,既没有膨胀也没有坍缩。如今,宇宙常数似乎已成为我们对宇宙的描述中一个不可或缺的要素,但其原因比爱因斯坦当年所能认知到的更为复杂,而这个故事还没有进入尾声,因为直到现在我们依然不理解暗能量。

因此,科学家们会努力使自己不被奥卡姆剃刀原则引诱。最简单的解释不一定是正确的,我们可以很好地将这一经验延伸到日常生活中。如今是一个充斥着各种言论、口号、即时资讯以及新闻信息的时代,正因如此,人们很容易为自己的观点找到依据,所以越发固执己见,不愿妥协。社会意识形态正变得越来越两极分化，那些需要公开辩论和深思熟虑分析的复杂问题被简化为非黑即白。所有模糊地带都消失了，只留下两种彼此对立的观点，每一边的支持者都坚信自己才是对的。事实上，任何人如果敢强调该问题远比二选一要复杂得多，就会发现自己受到了对立双方的同时攻击——如果你不是百分之百支持我，那么你就是反对我。

如果我们把科学方法的特点——谨慎审查和交叉检验——应用到我们非常关注的政治和社会问题上，会怎么样呢？当爱因斯坦发现宇宙的运行并不像他想象的那样简单时，他承认了自己的错误。就像科学一样，日常生活并不总是简单的，也正如科普作家本·高达克尔（Ben Goldacre）的畅销书的书名所说：我想你会发现事情比那要复杂一些[1]。我们想用简单方法解决问题，可这并不意味着它们就是最好的方法，甚至不意味着存在什么所谓的简单方法，简单的论证并不总是理解复杂问题的正确方式。

我们常听人说，某某事一定是真的，因为它显而易见，它理所当然，或者是常识。但科学家们受到的训练是：对自

---

[1] 本·高达克尔的作品《我想你会发现事情比那要复杂一些》(*I Think You'll Find It's a Bit More Complicated Than That*)。

然现象最简单易懂，甚至最显而易见的解释，并不一定是正确的。这里再次引用爱因斯坦的名言，我们所谓的常识不过是早年积累的偏见。我们对某事有一个简单的解释，于是认为它是真的，这可不是可靠的做事方式。在对一个问题做出决定之前，我们最好从爱因斯坦那里吸取教训。为了避免严重的错误，先暂时将你的假设丢在一旁，多投入一点精力进行探索。好吧，爱因斯坦不可能预测到暗能量的存在，因为对暗能量的探测必须依赖功能足够强大的天文望远镜，这种仪器能捕捉到宇宙边缘的图景。但通常情况下，世界的真相就在那里等着我们去发现——在这一过程中我们所需要付出的努力比寻找暗能量要少得多。如果你准备深入探索，就会得到回报。不仅你对世界的认知会变得更加丰富，你的人生观也会更加充实。

第 3 课

理解神秘

——

未知的魅力在于破解

我十几岁时最喜欢的电视节目是《阿瑟·克拉克的神秘世界》(*Arthur C. Clarke's Mysterious World*)。这是一部13集的英国电视系列片，它讲述了世界各地形形色色的神秘事件、超自然现象、都市传说和未解之谜，介绍者是著名科幻作家和未来学家阿瑟·C.克拉克，该系列节目将主题分为三类。

第一类神秘现象是对我们的祖先来说无法解释、令人困惑的现象，但得益于现代科学知识，如今我们已经可以理解它们了，最明显的例子包括地震、闪电和传染病等自然现象。

第二类神秘现象涉及一些如今还无法解释，但我们相信它们有合理的解释，而且有朝一日我们能找到合理解释的现象。这些现象之所以神秘，只是因为我们凭当下掌握的知识或信息还不足以完全理解它们。例如，英格兰威尔特郡的史前巨石圈最初是出于什么目的而被建造的？或者在物理学领域，把星系聚集在一起的无形物质——暗物质——具有什么样的性质？

第三类神秘现象包括那些我们现在无法合理解释，而且在不重写基本物理定律的前提下未来也看不到合理解释的现象。例如通灵现象、幽灵传说、外星人绑架地球人的故事或花园地下的仙女世界，这些现象不但超出了主流科学的范围，甚至也没有现实基础。

许多人认为第三种类型的故事最有吸引力，事实上，这些神秘现象越是新奇陌生，就越受人欢迎。当然，节目中没有任何事物是真正神秘的，因为它们都得到了合理解释，但这么做有什么乐趣呢？第三类现象其实算不上真正的未解之谜，因为它们是虚构的，是我们与他人跨越文化和跨越时间而彼此分享、共同创造的故事。其中一些可能曾经被人视为第二类神秘现象，人们一度认为它们有希望从理性上被理解。如今它们对我们来说依然很重要——即使我们已经知晓它们是不真实的，但它们依然是神话、民间传说、童话以及好莱坞电影的素材，如果没有这些事物，我们的生活将会非常贫乏无聊。

当第三种神秘现象跨越了无害的信念领域（如相信存在鬼魂、仙女、天使或外星来客），成为危险的非理性行为时，它们就会损害我们实际的幸福。比如那些自称拥有特异功能的人会欺骗单纯和脆弱的人，那些兜售非常规疗法和偏方的人会谴责现有医疗方法，或拒绝给他们的孩子接种性命攸关的疫苗。对于这样的情况，我们就不能再袖手旁观了。

在这里，我想将重点放在第二类神秘现象，也就是那些我们依然在寻求答案、真正具有神秘性的现象。在科学的核心特征中，最令人惊讶的事情之一是自然法则竟然是合乎逻辑且可被理解的，这其实并非理所当然的事情。在现代科学诞生之前，我们的信念被神话和迷信（第一类神秘现象）统治——世界变幻莫测又无法解释，因此一切只能归因于更高级的神圣力量。我们曾满足于接受那些神秘之事，甚至歌颂自己的无知。但现代科学已经表明，对世界的好奇心是有益的。通过合理的提问、观察、推测和检验，那些一度被视为神秘的事物其实可以得到符合理性的解答。

有些人认为，科学那冰冷的理性主义没有给浪漫和神秘留下任何空间，他们对科学的快速发展感到紧张不安。持这种观点的人相信，为我们还不了解的事物寻找答案在某种程度上会削弱我们对世界和生命的敬畏之心。之所以会有这种看法，原因之一可能是现代科学告诉我们，宇宙并没有目的或终极目标，人类是在地球上通过基于随机基因突变的自然选择和适者生存进化而来的。这种对我们的存在的解释似乎过于无情，暗示生命没有意义。当我在社交聚会或晚宴上向其他不从事科学工作的人解释我的研究成果时，会觉得自己像沃尔特·惠特曼（Walt Whitman）诗中"博学的天文学家"[1]——一个扫兴的人，用令人厌倦的逻辑和理性主义破坏了星辰的魔力与浪漫。但这样想是错误的，许多科学家喜欢引用美国物理学家理查德·费曼的话，费曼因一个艺术家朋友无法欣赏科学所能给予我们的东西而感到沮丧：

> 诗人说，科学夺走了星星的美丽，说那仅仅是一团团气体原子。其实并没有什么"仅仅"，我也能在沙漠的夜晚看到星星并感受到它们的美丽。而我从中看到的意义比其他人更少还是更多呢？……星体的运行模式是什么？代表什么意思？为什么会这样？多一些对这些奥秘的了解是没坏处的，比起过去艺术家的想象，科学事实上会更令人惊叹。可为什么现在的诗人不谈论科学呢？

---

[1] 出自惠特曼的诗《当我听闻博学的天文学家》("When I Heard the Learn'd Astronomer")。

解锁大自然的秘密所需要的灵感和创造力不比艺术、音乐与文学事业需要的少。在一些人的想象中，科学是枯燥且冰冷的，但其实恰恰相反，科学在不断揭示现实本质的过程中会展现出令人惊叹的魔力。

有件事情可能出乎意料：许多粒子物理学家会暗暗希望在2012年大型强子对撞机实验中探测到的希格斯粒子实际上不存在——尽管我们关于物质基本构成的最优秀的数学理论模型预测了它，我们多年来付出了艰辛努力去描绘它，我们花费数十亿美元建造了世界上迄今为止最宏大的科学设备来搜寻它。尽管如此，如果我们最终能证实它不存在，这一结果无疑会更激动人心！

看到了吗？如果希格斯粒子不存在，那就意味着我们对物质基本性质的理解存在缺陷，需要为基本粒子的性质找到另一种解释，这就产生了一个令人兴奋且亟待解决的新奥秘。而如果发现了希格斯粒子，这就证实了我们之前的猜测。对于充满好奇心的科学家来说，当一个预测被证实时，往往不如意料之外的发现更让人精神抖擞。不过需要强调一下，我不想让你们误以为物理学家会因希格斯粒子被证实而感到不满。我们仍然会庆祝这一成果，因为我们对宇宙的了解又前进了一步，无论结果是否令人惊讶，知道得更多总比依然无知要好。

努力了解我们周围的世界是人类最显著的特征之一，而科学为我们提供了实现这一目标的手段。但科学给予我们的不仅仅是一个个谜团的答案，它同时也保证了人类的生存和延续。让我们回想14世纪（现代科学出现之前）鼠疫（也被称为黑死病）造成的恐怖破坏，它与在那之前几十年发生的大饥荒一起造成了欧洲多达一半的人口死亡。

除了惨不忍睹的生命损失外，鼠疫还造成了其他极端恶劣的社会后果。由于缺乏对这种疾病（或导致这种疾病的细菌鼠疫耶尔森菌）的科学认识，更不用说用抗生素药物这种治疗手段，许多人转向了宗教狂热和迷信。由于再多的祈祷也无济于事，他们开始相信瘟疫是上帝对他们罪孽的惩罚。为了获得上帝的宽恕，许多人做出了骇人听闻的事，例如，他们将自己眼中的异教徒、有罪者和外族人当作替罪羊，并将其杀害，受害者包括罗姆人（吉卜赛人）、犹太人、修道士、妇女、朝圣者、麻风病人和乞丐等，而这些人当然与瘟疫没什么关系。别忘了这是在中世纪，当时几乎所有的事件都会被归结于巫术或超自然力量，你可能会辩解说，当时的人们不知道有更好的做法。

那就快进到7个世纪后的当代世界，看看人类应对新冠肺炎疫情的方式。科学让我们了解到引发这种疾病的是冠状病毒，科学家们迅速绘制出冠状病毒的详细基因注释图谱，从而使得一系列疫苗得以研发。每一种疫苗都以其特有的巧妙方式将遗传指令输入我们体内的细胞，制造出分子弹药，也就是所谓的抗体，进而在病毒真的侵入我们身体时保护我们免受病毒攻击。今天，疾病不再是难以理解的神秘事物。大多数人对冠状病毒的性质及其如何传播、如何导致疾病并没有太深刻的认识，我们应该感谢那些解开了这些谜团的人。可悲的是，现代世界仍然有许多人拒绝接受这些知识，而他们在争辩时还说自己富有理性、思想开明。

大概没有什么例子能比柏拉图的"洞穴寓言"更清楚地说明好奇心的重要性以及开明相对于无知的价值。寓言中，有一群囚犯一生都被锁在洞穴中，面对着洞穴内的一面岩壁，无法转身或转头。他们不知道的是，在他们身后有一团熊熊燃烧的火焰，人们络绎不绝地从火前经过，把影子投在囚犯们所面对的岩壁上。对于囚犯来说，这些影子代表了他们所知的全部现实，因为他们无法看到背后真正制造出影子的人。人们交谈的声音被囚犯听到了,但他们误以为所有的声音都来自影子。

有一天,一个囚犯被释放了。他走出洞穴后,先是被明亮的阳光照得双眼昏花,适应了一段时间后,他开始看到真实的世界,看到三维物体和它们反射的光。他了解到,影子本身并不是物体,只有当某个固体阻挡了光线时才会形成影子。他还感受到这个外面的世界比他在洞穴里体验到的要更优越。

有机会时,他回到了洞穴,与其他囚犯分享了自己在外面世界的经历,他同情那些囚犯,他们只看到有限的现实,没有体验过真正的现实。但囚犯认为这个归来的朋友精神错乱了,并拒绝相信他。他们为什么要相信他呢?他们所看到的影子是他们所知道的全部,他们无法理解另一种版本的现实,所以他们没有理由对影子的起源或它们如何形成于光线与固体的相互作用感到好奇。但我们能说囚犯们经历的现实和他们认为的真理,与被释放者经历的现实和掌握的真理同样正当吗?显然不能。

根据柏拉图的说法,囚犯的锁链代表着无知,他们基于自己所拥有的证据和经验而只能接受有限的现实,我们不能因为这一点责怪他们。但我们也知道存在更深层次的真理。由于锁链的捆缚,囚犯们无法主动探寻真理。

可在现实世界中,我们没有被那么严密的枷锁限制,所以我们可以对世界充满好奇,我们可以提出问题。就像那个被释放的囚犯一样。我们知道,无论我们正在体验什么样的现实,自身视角都可能受限,我们只是从某个参考系出发来看待现实。换句话说,被释放的囚犯可能想到,他有可能只是走进了一个更大的洞穴,他看到的仍然不是"完整"的图景。同样,我们应该承认自己对现实的看法是有局限性的,毕竟还有那么多悬而未解的神秘事物。可是我们不应该满足于接受这些未解之谜,而是应该去努力解开谜团,获得更深刻的认识。

柏拉图的洞穴寓言可以追溯到 2 000 多年前,当然它也有许多现代版本,例如好莱坞电影《楚门的世界》(*The Truman Show*)与《黑客帝国》(*The Matrix*)。在这两部电影中,对现实本质的好奇引导着主角去努力看清事物的本来面目。无论"最终现实"到底是不是真的,它依然朝着真相迈进了一步,进步总是比无知地逗留在原地更可取。

我的观点是,科学并不像有些人所断言的那样试图消除神秘。事实上恰恰相反：它承认世界充满了神秘和疑惑，然后试图理解和解答它们。如果有强有力的科学证据表明某种无法解释的现象是真实存在的，而它又不符合现有知识体系，那么这会成为最激动人心的结论，因为它指向了新发现、新知识和新的探索途径。换句话说，我们从拼图游戏中获得的乐趣主要来自将碎片拼凑起来的过程。一旦完成，虽然欣赏全貌也能获得暂时的满足感，但不会持续太久。事实上，如果我们真的痴迷于拼图，就会在完成一幅拼图后马上开始期待新拼图。这也应该适用于日常生活。世界上有很多谜团，它们真正的魅力在于吸引人们去解开谜团，而不在于让人们原地徘徊、不予理睬。

在生活中，我们总是会遇到自己不理解的东西、新事物或出人意料的结果，这不值得抱怨，更不值得恐惧。遇到未知事物是正常的，你不需要回避退缩，科学的核心是求知欲与好奇心，我们会提出问题并想知道问题的答案。我们都是天生的科学家：在孩童时代，我们就通过不断探索和提问来理解周围世界，科学思考融入了我们的基因。那么为什么很多人在成年后不再对世界充满好奇，反而会因为自己不了解某些东西而自鸣得意呢？

这种局面是可以避免的，面对神秘的未知事物，我们都应该去提出问题，把自己从无知的枷锁中解放出来。自问一下，你是否看到了全貌？如何才能看到更多？

当然，我并不是建议每个人都必须时刻注意那些需要理解和解释的事情，毕竟，有些人的好奇心没有那么重。如果我们都表现得一样，到处乱管闲事，树立假想敌，不接受他人理解而我们自己不理解的东西，认为有必要把那些已经众所周知的知识一遍遍推翻后重新创造，日常生活可能会变得非常麻烦。无论如何，大多数人都没有足够的时间和资源去解决所有的谜团，即使他们想这么做。假定你属于这一类人，那么这节课对你的价值是什么？当遇到稀奇古怪或无法解释的事情时，你可能更愿意去享受这些疑惑——就像一个有趣的魔术，如果我们知道它是怎么变的，这个魔术就变得无聊了。但请注意，在日常生活中还有很多其他情况，在这些情况下如果你能理解神秘事物，就能获得更大的愉悦和成就感。开明总是比无知更好。如果你摆脱了枷锁，就抓住机会走出洞穴，去感受真正的阳光吧。

第 4 课

敢于知道

——

科学概念没有那么难

每个人的体形不同，我们的大脑也有不同运作方式。但我们不应该以此为借口去逃避理解某些事。只要你用心去做，几乎没有什么是你无法理解的。记住，任何掌握某一领域丰富知识的专家，无论他们是水暖工还是音乐家，是历史学家、语言学家、数学家还是神经学家，都是通过倾注时间和精力获得这些知识的。

我并不是说所有人都有相同的心智能力去理解复杂概念。就像有些人天生是运动员，有些人有音乐或艺术天赋，也有人具备数学头脑或天生擅长逻辑思维，与此类似，我们中有些人记忆力很好，即使你不是这样的人，毫无疑问在你的家人或朋友中也会有这类人存在，他们总是在考试中取得好成绩，因为他们能记住大量知识。我不是这样的人，这就是为什么我在学校里更喜欢物理而不是化学和生物，因为物理学不需要我记住很多东西（至少我当时对这些学科的想法是这样的）。

我们中的许多人都在生活中的某个时刻经历过所谓的"冒充者综合征"（imposter syndrome）——感觉自己无法胜任他人托付给自己的任务，或者觉得他人对我们的能力期望过高。比如，当我们开始一份新工作时，周围的人可以得心应手地处理各种事物，他们似乎比我们懂的多得多，此时我们就很容易出现这种感受。之所以有这种自我怀疑和不安全感，是因为我们告诉自己，我们比任何人都更了解自己的天赋和能力。我们确信自己做得不够好，担心其他人也会很快意识到这一点，害怕自己马上就要露出马脚。当我们接触到需要时间来慢慢熟悉的新事物时，这是一种非常自然的反应。

这种现象在科学研究领域最为普遍。我所在的萨里大学物理系会定期举办研讨会，参加者形形色色，既有博士生，也有资深教授。除非有十足把握，否则大多数学生往往没有足够的自信来打断发言者，要求他进一步澄清自己正在阐述的内容，因为他们误以为一旦这么做，会暴露出自己对主题的理解极为肤浅。而我发现好玩的是，往往那些资深教授会提出最"愚蠢"的问题。当然，有时这是因为一个最初看起来很简单的问题却可能蕴含深刻见解。但通常情况下事实并非如此，至少我是这么认为的。其实，只有那些对相关主题非常熟悉的人才会将这类问题看作简单问题。教授们深知自己不可能什么都知道，尤其是研讨会话题在他们的专业领域之外时，所以暴露自己的"无知"没什么好羞愧的。他们也可能希望代表教室里的其他人提问，比如那些缺乏自信、不敢提问的学生。

当面对更广泛的社会大众时，像我这样的科学工作者之所以会努力传播科学思想，部分是因为我们看到了民众科学素养提高所产生的价值。无论是在控制全球流行病、应对气候变化、保护环境还是采用新技术方面，科普工作都能发挥一定作用。如果社会大众对这些问题背后的科学知识有一定程度的理解，相关应对策略就可以更好地得到落实。在新冠肺炎大流行期间，我们清楚地看到了这一点，公众被要求相信科学，遵循科学建议，包括保持社交距离、戴口罩以及采取其他各种负责任的行动。

我遇到的很多人都会被他们不熟悉的复杂观点吓到。如果我试着和他们谈论一些科学话题，比如我正在做的一些研究，他们会退避三舍。当然可能他们只是更愿意改聊一个（对他们来说）更有趣的话题。然而，如果他们表示自己没有信心理解科学和参与科学话题讨论，那么我就会想正面解决这个问题，因为这种态度可能是非常有害的，而且具有传染性；更糟糕的是，他们可能会把这种态度传递给自己的孩子，让孩子对科学以及科学方法教给我们的所有良好思维习惯都敬而远之，那将是彻头彻尾的悲剧。

科学家在科研生涯早期就能学到的一点是：如果有一个他不理解的概念，很可能是因为他无法分出足够的时间和精力来研究这一概念。我是一名物理学家，这意味着我有信心谈论物质、空间、时间的本质以及将宇宙维系在一起的力和能量。但我对心理学、地质学和遗传学知之甚少，我和其他许多人一样对这些科学领域（以及其他领域）一无所知。然而这并不意味着在投入了足够的时间和精力后，我依旧不能成为这些方面的专家。这可不是狂妄自大，因为"足够的时间和精力"指的是持续几年甚至几十年的学习，而不是仅仅用几小时或几天。另外，我其实可以与这些领域的专家进行有趣和有价值的对话，只要我全神贯注地聆听，而他们不说太专业的术语。这是我在过去十年里一直在做的事情，我是 BBC 4 频道《科学生活》节目的主持人，在节目中我与许多领域的领军人物讨论过各种各样的科学主题。我自己不需要成为专家，只要有足够的兴趣和好奇心就行了，而这两者都不以专业的科学训练为前提，同样的情况在其他行业也普遍适用。

我并不是建议每个人都接受流行病学家或病毒学家所必需的专业能力培训，以便在大流行期间保护自己。没有人——即使是最聪明的物理学家或工程师——能了解现代智能手机所涉及的所有技术，也没有人被要求达到这一标准，但这不影响人们充分利用手机。知道如何使用手机上的应用程序，并不需要深入了解手机内部所有电子元件的工作原理。然而，在生活中的其他情况下，对一门学科多一些了解是有益的，因为它可以帮助我们做出重要的决定，例如了解关于细菌和病毒感染的科学事实：二者的一个区别是，只有细菌感染可以用抗生素进行治疗，如果要避免病毒感染，疫苗可能会有帮助。

在这一问题上，我觉得我应该拿一个在科学上较难理解的概念作为例子，一个你可能认为超出了自己理解能力的概念。请迁就我一下，把接下来的文字读完。如果你能够理解，那么这完全是你自己的功劳，而不是因为我作为一个解释者有多高的技巧，毕竟解释一个自己熟知的概念很容易，而理解一个复杂的新概念要困难得多。

考虑一下这个难题，假定你正以光速飞行，同时将一面镜子举在自己面前，你是否能看见镜子中的自己？要在镜子里看到自己，光线需要离开你的脸到达你面前的镜子，然后反射回你的眼睛。既然我们确信，根据物理定律，没有任何物体的运动速度可以超过光速（回想一下那个轰动一时的超光速中微子实验），那么如果你的运动速度与光速相同，光如何从你的脸上移动到镜子上呢？因为镜子也在以光速运动，光是无法追上镜子的。所以你肯定看不到自己的镜像，就像传说中的吸血鬼一样，听起来没问题吧？可是，这么想其实是错的。怎么回事？接下来让我们一起解决这个难题。

想象一下，你在火车上，另一名乘客从你的座位旁经过，他行走的方向与火车行驶方向相同。由于你和他都在与火车一起移动，对你来说，他的速度就是他行走的速度。然而这时火车经过一个车站，没有停下来，站台上的人也看到了火车上这个正在行走的乘客。对站台上的人来说，乘客的速度是乘客走路的速度加上火车行驶的速度。那么问题来了：乘客的实际移动速度到底是多少？是你（坐在火车上不动）作为观察者测量出的步行速度，还是站台上的人作为观察者测量出的运动速度？如果你认为站台上的人看到的才是乘客"真正的"移动速度，那么想想这样一个事实：火车正在地球上行驶，而地球在绕着自己的轴旋转，同时也在绕着太阳沿着轨道运动。火车真正的时速是不是它自身的行驶速度加上地球运行的速度？因此，关于乘客实际移动速度问题的答案是：在自己的参考系中，火车上的你与站台上的乘客给出的测量值都是对的。乘客的移动速度不是唯一的，一切取决于参考系。实际上，所有运动都是相对的，这就是相对论的核心思想。

现在让我们转向光速的性质问题。我们在学校里学过，光是一种波，波需要通过某些东西才能传播，也就是某些可以"波动"或"振动"的物质。例如，声波在空气中传播需要空气运动，因为声音只不过是空气分子本身的振动，这就是真空环境中没有声音的原因。所以按理说光波也应该需要借助一些物质来进行传播，19世纪的科学家想要找到这种东西，毕竟与声波不同，遥远恒星发出的光能穿越真空到达地球。当时科学家认为，一定有一种不可见的介质——他们称之为"以太"——充满了所有的空间，正是这种物质在光的传播中起到了介质的作用。科学家们设计了一个著名实验来测试以太的存在，但没有发现任何证据。后来爱因斯坦证明，不管我们在测量光速时自己的移动速度有多快，光总是以相同速度在空间中运动。回到火车的例子，这就好像火车上乘客的移动速度在你（火车上）和站台上观察者的眼中是一样的。怎么可能呢？这听起来很疯狂，但事实证明这确实是光的运行方式。

现在进行下一步。假设两名宇航员在不同的宇宙飞船上以极快的速度向对方移动，由于所有运动都是相对的，宇航员不能判断每一艘飞船独立的时速是多少，只能确定他们的飞船彼此越来越近。其中一名宇航员向另一名宇航员发射了一束光，并测量了光离开他时的速度（如果与火车的例子相类比，此时光束的速度就像火车上乘客走路时的速度）。由于运动是相对的，这个宇航员可以合理地声称自己保持静止，是另一艘飞船在完成所有移动，他应该会看到光以每小时10亿千米的速度（这大约是我们现在测量出的光速）远离他。与此同时，另一名宇航员也可以合理地声称自己是静止的，从他的角度来看，对面的飞船在完成所有移动，他看到光同样以每小时10亿千米的速度接近他，不多也不少。所以，二者测量的光速是相同的，尽管他们显然是在做相对于彼此的移动！

虽然这听起来有些不可思议，但我们至少找到了之前提出的难题的答案。你以光速飞行，面前有一面相对于你保持静止的镜子，你确实依然能看到自己的镜像。因为不管你时速如何，光仍然会以每小时10亿千米的速度离开你的脸，撞击镜子并反射回你的眼睛，就像你根本没有移动一样。真空中的光速是自然界的一个基本常数；无论观察者移动得多快，光速都是相同的固定值。这是科学中最深刻的思想之一，只有爱因斯坦般的天才才能琢磨出来。

要搞懂爱因斯坦具体的观点和论证需要更多解释，这不是我们现在需要做的，但只要你准备投入足够的时间和精力，就可以理解它[1]。我们都有能力领会那些最初以为超出自己能力范围的知识。有些想法和概念需要花些时间精力去消化，这没问题。不是所有人都像爱因斯坦那样聪明，即使我们没有接受过那么多的物理和数学专业训练，但只要有开放的头脑和努力学习的意愿，我们仍然可以理解爱因斯坦思想中一些最核心的观念。

---

[1] 有很多书用简单的语言解释爱因斯坦的思想，而不要求读者有物理学专业背景。例如，我在《物理学中的世界》一书中谈到了更多关于光的性质的内容。

我们并不需要成为爱因斯坦，甚至不需要成为物理学家，也能理解光的运行模式，或者关于空间与时间本质的深奥观点，就像我们不需要学习疫苗学就能理解接种疫苗会保护我们一样。我们可以站在巨人的肩膀上，依靠他人的力量和知识做出判断——这些人在自己的专业领域已倾注了几年甚至几十年，然后将成果与我们分享。所以，即使我们遇到了一些不能马上理解的事物，我们仍然可以用点心，花些时间去尝试理解。这样做不但可以让我们的思维得到拓展，还可以帮助我们做出更明智的决定，使我们在日常生活中受益。总之，我们会因此变得更充实。

当然，归功于互联网，现代生活的特点之一是我们都必须不断地选择去关注什么——选择把我们的时间，哪怕只是几分钟，花在什么内容上。如今我们许多人在瞬间所能访问的信息量远远超过了我们能处理的信息总量，这意味着我们的注意力持续的平均时间越来越短。我们需要思考和关注的事情越多，我们能花在每件事情上的时间就越少。人们把注意力水平的降低归咎于互联网，我认为尽管社交媒体确实起到了一定的作用，但它并不应承担全部责任。这一趋势可以追溯到 20 世纪初，彼时我们的世界第一次开始连接起来，因为技术使我们能够接触越来越多的信息。

今天，我们每天都能接触到 24 小时不间断的突发新闻，我们生产和消费的信息量呈指数级放大。在集体公共话语讨论中，随着话题数量的持续增长，我们能够投入每一个话题上的时间和注意力会不可避免地受到压缩。这并不是说我们对公共信息处理的整体参与减少了，而是由于不同信息对我们的注意力的争夺战越来越激烈，每件事所能赢得的关注也就越来越稀薄，其结果是，公共话题辩论越发支离破碎及无知浅薄。我们在不同话题间切换得越快，就越容易对之前的话题失去兴趣。然后，我们发现自己渐渐地只接触那些我们感兴趣的话题，这导致我们的信息源受限——于是在评估我们熟悉的领域之外的信息时，也就不那么自信了。

我并不是主张我们应该在自己遇到的每一个话题上都投入更多的时间和关注，那是不可能做到的，无论我们接触信息的渠道为何，是通过家人、朋友、同事，还是通过阅读书籍、杂志、主流媒体、社交媒体。但我们必须学会区分什么是重要的、有益的和有趣的，哪些话题值得我们付出时间和关注，哪些不值得。当记者询问费曼能不能用几句话概括出他获得诺贝尔奖的成果时，费曼的回应方式正是在强调，那些我们选择花更多时间去思考和领会的问题，必然需要一定程度的投入。在科学领域，我们知道要真正理解一门学科需要付出时间和努力。这样做能得到的回报是，那些起初看似难以理解的概念结果被证明是可理解的，甚至可能变得很简单。在最糟的情况下，我们承认它们确实复杂——不过这不是因为我们无法彻底弄明白它们的意义，而是因为这些知识本身就是复杂的。

　　日常生活心得就是这样。你需要先获得一个气候学的博士学位，然后才知道相比于把垃圾扔进大海，将它们回收利用是一种对地球环境更好的做法吗？当然不是。但是，在就一个问题做出决定之前，花点时间深入研究一下，搜集信息，审视证据，权衡赞成和反对意见，可以帮助你做出更好的长远决策。

　　生活中的大多数事情都是很难开始的。但是，只要你准备好去尝试，你会发现自己能处理的事情远比你想象的要更多。

第 5 课

证据与观点

——

用可靠的证据更新观点

几个星期前，我的水暖工来修理我们家的锅炉，它时不时就会熄火。我告诉他，我看到锅炉显示器上出现了错误代码"F61"。他说他知道这是什么意思，说明锅炉需要更换电路板了。他还告诉我，他已经处理了数百个遇到相同问题的锅炉，而他的方案一直都可以解决这类问题。我相信他的判断，于是听从了他的建议。事实证明我是明智的，因为现在锅炉运转良好。我自己不可能知道怎么修理锅炉，但我信任水暖工，因为他是这方面的专家。我同样信任我的牙医、我的家庭医生以及航班的飞行员。

但我们如何决定该相信什么或者该相信谁？我认为我们需要分析这个问题的原因是，当我们每天与各种信息发生接触时，我们需要决定其中哪些是合理可靠的——例如有事实和可信的证据作为依据，而不仅仅是人们脑中的观点。这一点变得越来越重要，我们每天所做的许多决定，无论是个人决策还是基于全球社区的集体决策，都需要以批判性分析和可信证据作为基础。

如今许多人自诩专家，他们认为自己有资格在任何话题上都以权威姿态发表意见，而这仅仅基于他们对自己智慧夸大、膨胀、自负的认知。在我看来，个中原因似乎很清楚：互联网的使用造就了"观点民主化"的情形，以至于一些人不但自认为他们有权秉持各种无知愚蠢的观点，而且还有义务将这些观点自信满满地强加给其他人——这曾经是传教士和政客特有的行事作风。当然，我不是说他们的观点一定是错的。可是我们怎么能确定从别人那里听到的或自己看到的信息具有可信性？我们如何将基于证据的既定事实与无知观点区分开？

对世界各地的无数人来说，新冠肺炎大流行已然是一场悲剧，并且这场悲剧尚未落幕。同时，它比当代社会的任何其他事件都更突出地表明，听从基于可靠证据的科学建议是多么重要。但我们首先需要知道，所谓"可信""可靠"的证据到底是由什么构成的，这可能不像你想的那么简单。

有些人会说，我们在遇到好证据时自然会知道那是好证据，恐怕未必如此。人类可能有时只去看那些自己想看到或期望看到的东西，如果这种情况发生，证真偏差就会出现（见下一课），我们最终反而会相信那些脆弱而不可靠的证据，只要它们能继续支持我们的想法。真正可靠的证据客观、公正，有坚实和可靠的基础，它应该有可信来源，同时能避免不一致或另类的解读方式。就像如果你是陪审团成员并被要求在庭审案件中做出裁决，那么你必须尽可能严谨、客观而不带偏见地审视案情。简而言之，你必须科学地思考。

在科学的诸多定义中，有一个是"科学是形成有意义的陈述的过程，其真实性只通过可观察证据得以验证"。这个定义是一个很好的起点，因为它清晰明确地将科学知识和其他信念体系——如宗教、政治意识形态、迷信甚至主观道德准则——区分开来，这些信念体系不需要以同样的方式获得支持性证据或加以验证。但该定义的缺点是，它没有告诉我们到底需要多少证据以及需要什么质量的证据，这涉及"归纳法问题"（problem of induction）。

当然，通常我们收集的证据越多，我们的知识就越可靠，可谁来决定什么是可靠的证据，什么是不可靠的？我们如何知道，证据已经充分到可以让我们相信某事是真的？好吧，这取决于我们想要使用这些证据来做什么，以及一旦基于这些证据做出了错误判断,我们可能需要付出的代价。比如,在检验一种新药是否会产生有害结果时,即使只有少量关于有害副作用的证据也足以让它被立刻停止使用,直到我们对这种药物有更好的了解;而当我们确定一种新的亚原子粒子时,就需要大量证据来证明它的存在[1]。

与归纳法问题常常联系在一起的是"预防原则"(precautionary principle)。如果证据太少或不完整,我们该怎么办?在这方面,我们必须全面权衡如果信任证据可能付出的代价、如果根据证据采取行动可能付出的代价以及如果无所作为可能付出的代价。许多对气候变化持怀疑态度的人经常辩解说,科学家们不能确定是否真的正在发生人为气候变化("人为"的意思是这是人类活动引发的结果)。这没错,科学家之所以不能确定,是因为在科学上没有什么是百分之百能确定的(虽然我说过,这并不意味着世界上没有既定事实)。但是,我们也有压倒性的证据表明,人类活动对过去

---

[1] 按照拉普拉斯准则(Laplace's principle)的说法,要判断一项非同寻常的假设为真,其证据的分量必须与该假设的奇特程度成正比。物理学家与科普作家卡尔·萨根将该表述改为"非凡的主张需要非凡的证据",让这句话流行起来。具体可参见:Patrizio E. Tressoldi, "Extraordinary claims require extraordinary evidence: the case of non-local perception, a classical and Bayesian review of evidences," *Frontiers in Psychology* 2 (2011): 117。

几十年地球气候的快速变化负有责任；在任何情况下，谨慎行事总比无视证据、什么都不做要好。想象一下你的医生告诉你，除非你改变某些生活习惯，例如戒烟和戒酒，否则你的生命只剩下几年了。她还宣称，虽然她不能确定你做出改变后一定能实现预期成果，但她有 97% 的把握自己是对的[1]。这时难道你会说，"好吧大夫，既然你不能百分之百确定，那就有可能出错，所以我继续维持现在的样子好了，因为我很享受这种生活"？即使医生说只有 50% 的把握，你也很有可能会听从医生的建议，对吗？当然，对有的人来说，也许改变生活方式太难了，他们会想赌一把。

然而，预防原则在执行时也有需要特别注意的地方。当从政者必须制定会对整个社会产生影响的重要政策时，无论多么令人信服的科学证据，可能都不会成为唯一需要考虑的因素。我们在新冠肺炎大流行期间已清楚地看到了这一点：为减缓病毒的传播，政府理应采取更严格的限制措施，但代价是经济受损、失业率提高以及许多弱势人群的心理健康和福祉受到影响。有时，尽管已有强有力的科学证据支持某一

---

[1] 据调查，97% 的气候学家认为人类对地球气候变化产生了巨大负面影响。

特定行动方针，但它必须被视为更广泛、更复杂问题的一部分——当然，作为个人，我们每个人都有不同情况，这也需要考虑到。

另一个问题是，当人们听到科学家说他们"相信"某事是真的时，他们可能会困惑于为什么仅仅"相信"就可以了，为什么不需要支持性证据。实际上，科学领域中的"相信"与我们日常话语中使用的"相信"含义并不一致，它不是或者至少不应该基于意识形态、主观愿望或盲目信念，而应建立在已经过检验的科学思想、可观察证据和长久累积的科学经验之上。当我说我"相信"达尔文的进化论正确时，我的"相信"是以支持进化论的海量科学证据为基础的（以及缺乏反对进化论的可信科学证据），而不是我想要相信或希望相信。虽然我自己没有接受过进化生物学的专业训练，但我相信那些掌握专业技能和知识的人，同时，我认为自己能够区分基于大量优质科学证据的观点与基于盲目信仰、偏见或谣言的观点。

就像其他任何领域的专家一样，科学家当然也会犯错，没有人被要求去一味盲目地、无条件地信任科学家，事实上，人们在选择相信一位科学家的观点之前，应该注意一下他的言论是否被其他人接受。但这不意味着你可以像在超市购物一样货比三家，直到你找到一个自己喜欢的观点或支持你想法的观点。如果我有健康问题，我可能会花一个晚上在网上调研、搜集相关信息，这样我就可以在下次和我的医生交谈时更好地讨论治疗方案；但我不会仅仅因为对方的观点不让我满意，就同一位比我掌握更多医学专业知识与经验的医生就医学问题进行争辩。

同样，像对待其他领域的专家一样，我们可以相信科学家们明白自己说的是什么，这不是因为他们很特别，而是因为他们经年累月地投身于自己的专业，不断学习和积累专业知识。我是一名量子物理学专家，这一身份没有给我足够的能力让我就维修水暖、拉小提琴或驾驶飞机等问题提出特别见解。尽管我相信，如果我花费数年时间接受相关专业训练，我应该能够胜任这些工作中的任何一项。总之，我不会和水暖工争论如何修理锅炉，他也不会和我争论如何应用汉密尔顿函数[1]。大部分专家都乐于解答疑问，而你应该期待得到的是基于专业知识和证据的答案，而不是仅让自己满意但

---

1 一种数学技术，被广泛应用于理论物理学与经济学领域。

毫无依据的观点。

当然，仅仅声称自己是某一领域的专家是不够的。一个花了数年时间研究外星人存在证据的不明飞行物研究者也可能被认为是专家。那些支持"地平说"的阴谋论者也会情绪激昂地宣称，有充足证据支持他们的观点，他们的观点满足了具有可检验性这一标准，所以是正确的。我们应该因为他们没有博士学位，或者因为他们不属于某个学术协会就排斥他们的观点吗？当然不。然而，虽然对新思想和新观点保持开放的心态很重要，但我们不应该开放到把我们的大脑"放下来"的程度。健康的开放心态需要与严密审慎的调查携手并进。

我们都知道有人愿意买阴谋论的账，不管他们是受政治意识形态驱使，还是纯粹因为自己在网上看了某些文章、视频后就深陷其中。阴谋论和人类文明一样古老，当人们无力研究、探索，但又不喜欢被蒙在鼓里的感觉时，他们就会对自己不了解的事情进行猜测。就像他们可能真的被其他人欺骗了一样，他们也可能自己欺骗自己，误导自己相信完全没有根据的理论。这并不是说任何相信某种阴谋论的人都没有足够的才智看穿骗局，许多既聪明又掌握其他领域丰富知识的人也会相信一些不真实的事情，原因可能是他们因为过去的某些经历而对权威产生了不信任，也可能仅仅是因为他们无法接触所有事实信息。这种情况下，在他们面前点明他们的错误并非明智之举，因为此刻他们的头脑很难装入真相。你可以指出他们的观点错得离谱，但他们对你可能也有同样的看法。

然而，你可以自问，你上次见到一个阴谋论者真的揭开了一个阴谋是什么时候？除了质疑，他们什么时候去证明过自己是正确的？仔细想想，这是阴谋论者最不希望看到的——因为阴谋本身就是他们的理由。揭露真相的使命是他们的动力和心理安慰来源，同时也定义了他们是什么人。他们的论点为自身灌输了狂热激情，他们相信自己的主张已经具有了理性客观的证据，这一切支撑起了他们坚定不移的态度。阴谋论者在实际揭露所谓的"阴谋"方面有多失败，他们对自己守护正确立场的信心就有多不可动摇。他们理论中暗含的前提假设通常没有任何事实依据——这可不是说着玩玩，如果你问一个阴谋论者需要什么证据才能改变他的想法，他将不得不承认，没有什么能做到这一点。事实上，当他们看到反对他们理论的证据时，他们会认为这恰恰证实了那些阴谋背后的主导者为了不让真相大白于天下而在努力编造谎言,所以阴谋论从本质上说是根本不可能被驳倒的。

这与我们从事科学研究时秉持的行动方式是如此不同。在科学研究中,我们总是尽最大努力去反驳一个理论,因为只有这样,我们才能对这一理论逐渐积累起信任,相信该理论对现实世界真相的描述是准确客观的——也许还能由此产生一些新发现。

我之所以把阐述重点放在科学理论和阴谋论之间的区别上,是因为这可以帮助我们理解各种类型证据的不同之处。这一点在今天比以往任何时候都更重要,因为某些想法可以在社交媒体上迅速传播。有人相信地球是平的、登月是造假或者其他更奇异的说法,例如外星人曾造访过地球——无论是美国政府掩盖了外星飞船在罗斯威尔坠毁的证据,还是外星人是吉萨金字塔群的真正建造者——这些说法都基本无害、无伤大雅,甚至还颇为有趣。但假如我们听到阴谋论声称新冠肺炎疫情是一场骗局,是政府企图控制我们的战略的一部分,或者所有的疫苗都是有害的,疫苗注射也源于政府的控制计划,那么这些说法就不能再被当作无害的玩笑而一笑置之了,我们必须能够客观、科学地评估它们。

如今，人们比以往任何时候都更重视打击阴谋论，社交媒体平台会努力清除错误信息和虚假新闻。但同时，作为个人，我们可以做很多事情来让自己更有能力。首先，我们都可以更加注意这个问题，并采取措施与之对抗。需要注意的是，大多数认同阴谋论的人都是思维正常、明晓事理的人，他们只是被那些擅长操控及利用人们的恐惧、焦虑和不安全感的人蒙骗了。而社会危机期则为阴谋论传播提供了最优质的土壤，怀疑的种子被播下，各种错误思想的火焰被点燃。

当评估某个想法、主张或观点时（无论它是由朋友在社交平台上发布的，还是在谈话中出现的）运用科学的方法通常可以帮助你区分真假，或揭露这些想法中暗含的悖论。因此，尝试超越表面的观点，质疑，并检查证据的质量。仔细考虑那些说法有多大可能性是真的，提出那些说法的人有没有其他动机：他们是完全客观的，还是出于意识形态原因才那么做？谨慎审视证据：它们出自何处？来源是否可信？记住，即使是最怪异的阴谋论，其内核中也可能含有一些真实的成分，问题是，这些真实成分被其他半真半假的推测、未经证实的谣言或彻头彻尾的谎言层层包裹，最终构成了一座荒谬的大厦，阴谋论者擅长将真实作为欺骗的基石。

与阴谋论者争论常常会让人感到沮丧和毫无意义。无论是强调逻辑上的矛盾之处，指出缺乏可信证据，还是向他们直接展示反驳他们观点的证据，都像是在浪费时间，对改变他们的想法起不到任何作用，但这不意味着你不应该去努力尝试。不过有些事确实不应该做，比如指责一个人特别无知或愚蠢，无论是在多么激烈的争辩中都要避免逞一时的口舌之快。你可以查问他们是从哪里获得的证据，质问他们，那么多人同时参与一个阴谋并严格保密的可能性有多大。登月"骗局"就是一个很好的反阴谋论的例子，它可以说明阴谋论很难站得住脚。如果登月骗局是真的，就需要数万人在半个多世纪的时间里缄口不言，包括美国国家航空航天局各个部门的工作人员、阿波罗计划的参与者以及许多其他相关行业的从业者。另外同样重要的是，你应该试着理解阴谋论者的潜在担忧，以及为什么他们相信或想要相信那些阴谋论。

我们不能期望所有人都去反对我们不同意的观点或信念，但我们能做的是利用这些机会来评估、检验自己的信念。记住，科学方法是批判性思维过程的体现，我们应该将观点——无论是受到质疑的还是得到支持的，无论出自我们自身还是他人——不断置于实证证据的检验之下。这是我们验证科学假设的行动方针，同时也是我们在日常生活中应该采取的行动方针。虽然我们应该对他人的观点和信念保持怀疑，反思它们是否基于可靠的证据，但从根本上来说，重要的是我们自己相信什么以及我们为什么相信。

所以，问问自己为什么会持有现在你所持有的观点、你相信谁的观点以及为什么你会相信他。问问自己，是愿意信任那些指望你无条件接受他们所传达的观点而不允许你质疑的人，愿意信任那些在你有所怀疑时就怒气冲冲或愤而离去的人，还是愿意相信那些将提出问题及探索答案作为人生哲学基础，同时并不介意一些答案会颠覆他们原本的想法的人。再问问自己，别人是否应该相信你说的话，以及为什么。记住，证据是一切的基础，有价值的问题应该基于证据，而有价值的答案同样应该基于证据——无论是你得到的答案还是你给出的答案。

第 6 课

偏见与偏差

——

避开认知陷阱

我们都愿意待在自己的圈子里，和想法类似的人在一起，这是人类的本性。但这种圈子也是回声室，在那里我们只能接触到自己已经认同的观点和信念。经过不断重复和确认，我们对自身观点的确信程度被不断放大和强化，于是我们形成了很难被动摇的偏见或先见。不管是出于有意还是无意，我们确实很容易屈从于所谓的证真偏差。现实生活中一个最不容忽视的事实是，我们能意识到别人观点中的偏见，但几乎从不质疑自己的信念。成为一名科学家并不能使人对证真偏差免疫，但科学思考方式的确可以帮助我们预防这种偏差及其他思维盲点，这是我想在这节课分享的建议。我们先看一个例子。

我毫不怀疑地球气候正在迅速变化，而且主要是由于人类行为；我相信如果我们不共同努力改变我们的生活方式，那么人类未来可能会面临巨大风险。我的观点基于压倒性的、无可争议的科学证据，这些证据来自许多不同的科学领域，包括气候数据、海洋学、大气科学、生物多样性研究以及计算机建模等。想象一下，当你听到医生对你病情的诊断结果后，你不满意，于是从另一位有资质的医生那里寻求意见，结果和第一位医生给出的一样，接着你又找到了第三位、第四位、第五位，他们都做出了同样的诊断，他们的判断结果都是基于无可辩驳的医学证据，比如血液检验、磁共振成像和X射线扫描等。这时你还会继续认为医生的诊断有误吗？我对气候变化毫不怀疑，也是基于同样的逻辑。

但或许我应该反思一下，为什么多年前，我就已经准备好接受人为气候变化这一"真相"了，那时还没有堆积如山的支持证据。是因为我认识几个气候学家，相信他们的专业知识，而我认为他们是诚实和有能力的科学家，还是说，这也与我的价值观有关？我认为人类应该以更环保的方式生活，保护环境，同时我反对更重视个人自由而不是可持续发展的自由至上主义观点。你可以看到，即使在写这本书的时候，我的个人倾向也很明显，我很难在这个问题上保持完全客观的态度。当涉及人为气候变化时，现在的海量科学证据是如此一边倒地证明了它的真实性，以至于我不必怀疑自己从一开始就"相信"它的动机。然而我也知道，无论我如何努力保持客观，我都可能更愿意接受支持人为气候变化的证据，而对任何声称没有发生人为气候变化的证据加以蔑视或排斥，这是证真偏差在起作用。

证真偏差有多种形式，心理学家已经发现了这些证真偏差的表现形式。其中一种是虚幻优越感现象，即一个人会过度膨胀，对自己能力的期望过高，但同时却无法认识到自己的缺陷。过去的几十年里有许多研究都曾探讨，为什么人们在很多时候并没有足够的能力理解某些观点或状况，但他们自己却浑然不觉。这种情形有时会逗人发笑，比如银行抢劫犯麦克阿瑟·惠勒（McArthur Wheeler）的案例，他认为如果将柠檬汁涂在脸上，就可以不被监控摄像头拍到，这是因为他误解了隐形墨水背后的化学原理。但是，当人们处于掌握权力或影响力的位置上而又受到虚幻优越感的蛊惑时，就有可能产生危险的后果，因为他们有大量会被他们误导的追随者。我们能看到那些在社交媒体上最肆无忌惮"大喊大叫"的人常常会有最大数量的粉丝，而同时他们又恰恰是最有可能产生虚幻优越感的人。

美国社会心理学家大卫·邓宁（David Dunning）和贾斯

汀·克鲁格（Justin Kruger）对虚幻优越感进行了大量研究，与之相关的"邓宁-克鲁格效应"（Dunning-Kruger effect）就是以他们的名字命名的。该效应是另一种形式的认知偏差，指在某一特定任务中，能力低的人可能高估自己的能力，而能力高的人可能高估他人的能力。大卫·邓宁曾这样解释："如果你不称职，你就不可能知道自己不称职……你给出正确答案所需要的技术正是你识别出正确答案所需要的技术。"[1]

在社交媒体上，我们每天都能看到邓宁-克鲁格效应上演，尤其是涉及阴谋论和非理性意识形态方面的问题时。比起那些没有接受过专业训练、对专业领域的了解仅仅停留在表面的人，正规的专家——无论是科学家、经济学家、历史学家、律师还是严肃记者——都更愿意承认自己有不知道的事情。这就是社交媒体上的辩论变得如此两极分化、徒劳无功的部分原因。那些最有资格对一个主题发表评论的人，也是最有可能在陈述他们的论点时保持谨慎和深思熟虑的人，原因是他们知道在当前讨论的议题中哪方面缺乏可靠证据，

---

[1] 大卫·邓宁《为什么越无知的人越自信：从认知偏差到自我洞察》（*Self-Insight: Roadblocks and Detours on the Path to Knowing Thyself*），第22页。

以及他们的观点中有哪些薄弱环节（另外，在很多时候，他们可能只是选择不与那些重视观点但不在意证据的人进行辩论）。因此他们更有可能保持沉默，于是在两个顽固、可悲、信息闭塞、各持一种极端观点的交战派之间留下一片无人区。许多研究还发现，与那些在某一领域博学多识的人不同，那些没那么博学多识的人不太愿意，也不太能承认自己的弱势，这进一步导致他们不愿去搜集相关信息及学习相关知识。

这里我要提醒大家的是，并不是所有人都认为邓宁-克鲁格效应是真实存在的，它可能只是数据分析造成的假象[1]。但是我们要记住的教训是，我们不应该因为认为与我们意见不同的人是愚蠢的，就草率地排斥他们的观点和问题；在指责他人的能力与偏见之前，我们都应该先检视自己的能力与偏见。

当然，人们很少能在社交媒体上见到成熟冷静的辩论，不仅是因为那些具备专业知识的人不太愿意参与其中，还因

---

1 例如参见 Jonathan Jarry, "The Dunning-Kruger effect is probably not real", McGill University Office for Science and Society, December 17, 2020, https://www.mcgill.ca/oss/article/critical-thinking/dunning-kruger-effect-probably-not-real。

为在许多问题上,知情者和不知情者显然会发生冲突。但是,由于证真偏差是人类本性的一部分,对立双方可能都会承受痛苦——即使其中一方在客观上更正确。我们可能都对此感到内疚,无论我们认为自己的知识是多么可靠。

文化因素也会助长证真偏差和虚幻优越感。例如,研究表明当美国被试完成特定任务时,相比一开始进展很顺利的被试,在任务中遭遇失败的被试容易放弃后续任务;而日本被试的表现则恰恰相反,在后续任务中,一开始任务遭遇失败的被试比那些起初进展很顺利的被试更为努力[1]。

在我们考虑消除证真偏差的方法之前,让我们检视一下这个问题是否也存在于科学研究领域。为什么科学家不应该像其他人那样容易屈服于证真偏差?当然,每个人都容易受到影响。然而,这个问题并不是在所有科学领域都存在,有些学科比其他学科受证真偏差的干扰更大。我希望自己接下来的论断不会让你认为我对某些学科存在偏见:在自然科学中,例如物理和化学,或者生物学也算,这个问题确实没有

---

[1] Steven J. Heine et al., "Divergent consequences of success and failure in Japan and North America: An investigation of self-improving motivations and malleable selves," *Journal of Personality and Social Psychology* 81. No. 4 (2001): 599–615.

在社会科学中那么普遍，原因是相比精确的自然科学，社会科学的研究对象主要是复杂的人类行为，因此这些学科对不同解释持更开放的立场。话说回来，如果我作为一名物理学家想当然地认为自然科学研究者是对证真偏差免疫的，因此可以放松警惕，那无疑就是证真偏差的一个很好的例子。事实上，由于其研究性质，社会科学研究者对这一现象更为熟悉，因此他们更容易意识到证真偏差并采取措施控制其负面影响。

在上一课中我讨论了所谓的归纳法问题——很难说出为了确定一种科学理论是可以相信的，我们到底需要多少支持证据。很多情况下，新发现或新证据会有悖于现有的知识，如果新证据不具有压倒性的优势，科学家们可能会忽略它，或者挑选出那些符合他们想法的结论。他们可能会曲解、误读，甚至刻意编造结果，以巩固他们支持的既定理论，或者推广他们偏爱的新理论。科学家也是人，也和其他人一样有相同的弱点，所以无论在多么严谨精确的学科领域，科学家都可能因个人的骄傲、嫉妒或野心而产生偏见，甚至造假。

幸运的是，在科学界，类似的事情可能比你想象中要罕见得多。科学进步之路上的大多数障碍都是暂时的,这要归功于科学方法内置的纠正机制,这些机制既承认了偏差的存在,又在尽力减少偏差。比如要求结果的可再现性,通过达成共识而不是权威的断言来承认某一结论。科学家们还会使用各种其他技术来排除偏见,比如随机对照试验和论文发表的同行评审过程。科学中那些糟糕的想法不会持续太久,因为迟早科学方法会胜出并取得进步。

遗憾的是,日常生活并不像科学研究领域那么直来直去。我的一个熟人曾经告诉我,他确信外星人在几千年前造访过地球,并利用他们的先进技术建造了吉萨金字塔群。他的这一观点不是基于与金字塔相关的数字学(numerology),即在金字塔外形的几何比例中寻找深层含义的做法,而是基于石块拼装在一起的绝对精度。他的论点是,组成金字塔的石块一定是被激光切割的,而这种技术即使在4 500多年后的当今人类社会依然尚未实现。无论我怎样劝说也动摇不了他的信念,他的这一信念源自他在视频平台(YouTube)上看到的一部纪录片。无论我拿出什么证据来说服他,试图让他相信考古学家非常清楚地了解这些石头是如何被切割、运输和抬升到指定位置的,以及金字塔为什么会被建造起来，或者告诉他如果外星人曾造访过地球，不可能没留下任何能经得起科学分析检验的痕迹，他都会同样坚定地守护自己的信念。这种"信念固着"（belief perseverance）的力量是非常强大的，特别是信徒能用一种"合理化"的方式，将所有证据都视为支持其信念而不是反对其信念的证据。

证真偏差还会如何发生？你可能听过这句话，"相关性并不意味着因果关系"，也就是说，观察到两件事情之间存在关联或联系，并不意味着其中一件事情一定是另一件事情的原因。例如，一个事实是，从数据上看拥有更多教堂的城市往往有更多的犯罪事件，教堂数量和犯罪事件数量之间存在着很强的正相关关系。这是否意味着教堂是"擅长"将普通人引向犯罪之路的是非场所？或者也许一个无法无天的城市更需要教堂，因为罪犯可以在那里忏悔他们的罪行？当然不对。这两件事情其实还与第三个参数有关：城市人口。在其他条件相同的情况下，（在一个以基督教为主的国家）一个人口500万的城市会比一个人口10万的城市拥有更多的教堂，而前者当然每年也会产生更多的犯罪记录。

城市的教堂数量和犯罪事件数量是相关的，但二者都不是对方的原因。然而许多人只会从这种相关性的表面出发，错误地推导出因果关系，而不去怀疑他们的结论是否符合逻辑。而且即使给出正确的解释，如上述例子中的城市人口因素，仍然很难动摇他们最初的论断（信念固着），这有时被称为"持续影响效应"：哪怕之前持有的观点已经被证明是错误的，但人们仍然选择相信它。这种情况最常见于从政治人物口中或小报与社交媒体上流传出的各类错误信息——一旦一种想法生根发芽，尤其是如果它符合人们的先入之见，就很难被消除。

既然各种形式的证真偏差是人类天性的一部分，你可能会说，想要解决这一问题，试图通过说服别人以不同角度进行思考注定是徒劳无功的。因此，我们能得到的实际启发是不如将关注转向自己，承认证真偏差很可能也存在于我们自己的思维中。正如古希腊的一句格言所说："认识你自己。"了解人性的这一特征意味着有时你可以尝试退后一步，审视自己为什么会持有那些观点，以及你是否更看重那些证实了你已有想法的信息，而忽视了与之相矛盾的信息。

问问自己为什么相信某事是真的，是因为你想这样吗？科学家们非常确信人为气候变化正在发生，不过与一些人可能认为的相反，承认气候变化并不符合绝大多数科学家的既得利益。事实上，尽管所有证据都证明气候变化正在发生，但科学家可能真的希望自己的结论错了。毕竟，在他们死后，他们的子孙后代还要继续生活在这个星球上。

因此，当涉及许许多多你可能原本持有坚定立场的话题时，不要莽撞轻率地同意见不合的人展开争论，先花些时间反思，想想你为什么会相信自己当前所秉持的观点以及支持这些观点的证据，你有什么动机？是因为它们符合你的意识形态、宗教信仰或政治立场吗？是因为一些你很看重的人也如此相信吗？还有，关键的是，这样做到底对不对？最后，你是否接触了足够多的相关信息，花了时间确定这些信息是可靠的，并且正确理解了它们？一旦你检视了自己的信念，你就可以开始从不同的角度看问题，并能重新判断自己的信念是否言之有理。也许你仍然确信自己是对的，这没什么，只要你客观地完成了自我审视。当然你也可能意识到自己产生了更多疑问，这也没什么。重要的是这个过程，永远不要停止质疑你所相信的事情，因为只有这样，你才能用理性之光驱散偏见的迷雾。

不过，如果你发现自己被说服了，你认为自己出错了，接着你会怎么做？承认这一点并不容易，即使向自己认错也需要很大的决心与勇气。在这样的时刻，还有另一句古希腊格言值得铭记："笃信招致毁灭。"

这就带我们进入了下一课要讲述的主题。

第 7 课

科学不确定性与理性怀疑

——

别害怕改变想法

认识到自己的偏见已经够难的了，但采取行动消除偏见又是另外一个困难。这通常意味着你必须克服一些不适感，承认自己可能在某些事情上犯了错误，并准备好改变你的想法。这之所以很难做到，主要是因为心理学家所说的认知失调（cognitive dissonance），这是一个人面对两种相互冲突的观点时产生的一种迷乱的精神状态。通常情形是个体新接触的信息违背了其既有信念，而个体对既有信念的态度又非常坚定，这导致个体心理不安。为了缓解不安感，巩固自己原本所确信的真相，个体可能会故意忽视新信息或淡化新信息的价值。认知失调与认知偏差不同。认知偏差指的是一个人极为确信自己是正确的，以至于他从一开始就不会接受任何与自己的观点相冲突的想法。

在当代社会，我们每天都在几乎将我们压垮的信息巨峰中穿行，认知失调这一概念也逐渐被很多人熟悉，它在我们的决策过程中扮演着越来越重要的角色。其实这不算是一个新想法——它并不新颖,也没太多争议性,多年来心理学界已经对认知失调现象进行了很全面的研究。如今认知失调已经与证真偏差一起,跨出学术研究领域,成为时代思潮的一部分。

我们能否通过更科学的思维过程来解决这一问题?让我们先看看在科学研究领域人们是怎么做的,我之前已经说过,如果科学家总是坚持自己先入为主的想法,那么科学不会取得进步。当然,很多时候科学家们确实有很好的理由固执己见,因为他们所信任的科学理论通过了缓慢而严格的科学检验过程。所有成功理论都经历过数不清的测试、审查、诘问,反对者会抓住一切机会将其拉下神坛,但它们依然屹立不倒。身为科学家,我们会收集数据,细心观察,开展实验,发展出对抗既有知识的新模型和新理论,看看哪个更准确、更可靠、更有预测性。如果一种理论能够"幸存"下来,那是因为它能承受这些严酷的考问,我们可以相信它蕴含的知识以及对世界真相的解释是可靠的。所有这些谨慎的步骤都基于一个前提,而这也正体现了科学研究方法最重要的特征之一:承认不确定性,并对其进行量化分析。优秀的科学家总是会适当存疑及理性怀疑。这并不是说科学家一定要质疑其他人的观点，而是说身为科学家，我们应该首先承认自己可能是错的。怀疑和不确定性在科学中扮演着至关重要的角色，我们应该对新观点持开放态度，并时刻准备好在获得了更好的数据、更新的证据或更深刻的见解时改变自己原本的观念，采取这样的态度就能避免或至少能减少认知失调问题。

然而，不确定性总是不可避免的，它充斥于每一个理论、每一次观察以及每一次项目测量中。因此数学模型会对近似值和精确程度进行定义说明，例如图表上的数据点会和误差棒一起呈现，后者表示置信水平。短的误差棒表示这些数值的测量精度很高，而长的误差棒则表示测量精度比较低，意味着我们对该数值没那么有信心。衡量不确定性并将其作为科学研究的一个组成部分，这种想法已根植于每个科学研究者的头脑中。

问题是，许多没有接受过科学领域专业训练的人会把不确定性视为科学方法的弱点，而不是优点。他们会说："如果科学家对他们的结果不确定，并承认他们可能是错误的，那么我们为什么要相信他们呢？"事实上恰恰相反：科学上的不确定性并不意味着我们不知道，反而意味着我们知道。

我们知道结果正确或错误的可能性有多大，因为我们可以量化对它们的信任程度。对一个科学家来说，"不确定性"指的是"缺乏确定性"，这不等同于无知。不确定性为怀疑留下了空间，它表明我们可以辩证客观地评估我们所相信的内容。我们的理论和模型的不确定性意味着我们知道它们不是绝对的真理，数据的不确定性意味着我们对世界的认识是不完整的。与之相比，信誓旦旦的确定性要糟糕得多，因为它往往等同于狂热者的盲目确信。

科学发现的不确定性也经常被媒体误读或误传。有时候，这是科学家自己的错——例如，他们为了让自己的发现成为新闻，使更多人知道，有意不提自己结果的不确定程度。同样，在推广新产品或新技术时，任何可能损害商业利益的不确定性都可能被淡化或忽略。一些记者在报道时可能对科学论文的内容与表述进行了过度简化，从而忽视了不确定性，这种过错不是他们有心为之，而是因为他们缺乏科学训练。在这一过程中，他们可能会误解作者精心挑选的措辞——可作者大概没预料到会出现这种情况，他们对类似失误也不应负太多责任。

这与政治世界是多么不同，在政治世界中，如果你在辩论时犹豫不决或表现出任何不确定的迹象,都会被解读为软弱。选民甚至可以将确定性视为其支持的政客的一种优势,正如伯克利大学管理学教授唐·A.摩尔(Don A. Moore)所说:"自信的人会让人相信他们知道自己在做什么,毕竟,他们讲话时表现得那么有把握。"[1] 这种态度已经渗入关于政治和社会问题更广泛的公共辩论中,以至于人们往往不被允许在中间地带摇摆——任何时候都必须强有力地秉持自己的观念。在科学领域,这种做法可不会让你走得太远,因为我们必须始终对新证据持开放态度,并根据它改变我们的想法。在科学文化中,承认自己的错误甚至是高尚的表现。

在科学领域,犯错是我们增加知识储备和增进对世界理解的途径。不承认错误就意味着我们永远无法用更好的理论来取代现有理论,永远无法引发认识上的革命。就像抵制确定性一样,承认我们的错误是科学方法的优点,而不是缺点。试想一下,如果政客们可以像科学家一样拥有诚实的品质,能够在犯错时坦白承认,我们的世界会变得多么美好!为了避免你们认为我是在单独挑政客的刺儿,我们可以

---

[1] Don A. Moore, "Donald Trump and the irresistibility of overconfidence", Forbes, February 17, 2017.

再想象一下，当我们的观点被证明有错时，如果我们愿意承认自己的失误，所有的探讨与辩论会变得多么高效而健康。不管认知失调让人感到多么不舒服，接近事情的真相永远应该优先于得分和赢得争论。

认知失调并不是一种需要被"治愈"的非典型、反常规心理状态。相反，它是人类天性的一部分，我们都在某种程度上体验过这种感受。生活充满了矛盾的思想和情感，这是我们会与朋友和爱人争吵的原因，是我们经常怀疑和后悔某些决定的原因，也是我们会去做一些明知自己不该做的事情的原因。不过，虽然认知失调是人类天性的一部分，但这不等于我们应该对它妥协。认知失调表明我们并不总是能进行理性思考，如果我们想在生活中做出正确决定，我们就需要分析自己的观点，并回到理性的轨道上。认知失调让我们不快，为了缓解这种不快感、消除矛盾，我们最常用的简单方法是自我说服，我们会让自己相信自己正在做出正确选择，轻视、贬低那些与我们内心信念和情绪相冲突的证据。但我们真正应该做的是解决我们的认知失调，将其置于理性分析之下。这种做法可能让我们没那么轻松，但从长远来看，它会更为有益。

我们现在比以往任何时候都更需要探索处理认知失调的方法，原因是这种现象在当代文化和社会环境中比以往任何时候都更为严重。世界面临的巨大挑战为错误信息的散播和阴谋论的滋生提供了土壤。例如，许多人在新冠肺炎大流行期间会感受到深刻的认知失调，按照公共卫生专家的建议，他们应该选择尽量减少外出、与他人保持社交距离，这样做会限制他们的自由；或者他们可以选择遵循人类的本能冲动，以一种不受限制的方式生活，于是他们否认病毒传播的证据，有意贬低隔离的重要性。另外，当科学界建议采取一种行动而政府建议采取另一种行动时，许多人也会感到深深的不安，但越是在这种艰难时刻，我们越是需要花点时间认真分析我们相信什么以及我们为什么相信，这将构成我们决策的基础。我们的目标是做出由理性与逻辑驱动的决策，并随时根据可靠的新证据改变决策。

如果我们想对世界以及我们所处的位置有更深刻的认识，就必须接受我们有时可能会犯错这一事实——如果我们真能做到，会产生巨大回报。奥斯卡·王尔德曾尖锐地指出："保持一致是缺乏想象力的人最后的避难所。打破对一致性和确定性的渴望并不是件容易的事，对任何人来说都是如此。摆脱那种想要获得确定性的感觉，一开始你可能会觉得不自在，但很快就能适应。实际上你接着会发现，与那些总是信誓旦旦、不容置疑的人在一起会更不自在。耐心倾听"对手"的观点和论据，提出问题，从可靠来源处探寻证据，并谨慎地理解与利用。对"确定的事"保持警戒，信任那些坦承自己的结论具有不确定性（最好能够量化）的人。伏尔泰曾经说过："怀疑不是一种令人愉快的情况，但笃信更愚蠢可笑。"记住：如果你错了，就勇敢、高尚地承认它，并珍视那些有勇气和诚信做同样事情的人。

第 8 课

捍卫真理

用科学让世界变得更好

2020年美国总统大选所引发的波澜必将载入史册，那标志着由社交媒体驱动的虚假信息时代的到来。在美国11月总统大选后的数周内，许多投票给唐纳德·特朗普的美国人拒绝接受即将到来的结果——民主党候选人拜登已注定赢得大选[1]。特朗普总统本人在社交媒体上公开发言，声称大选存在欺诈和舞弊，数百万选民由衷相信这是无可争议的事实。但事实上这一指控没有任何可信证据，它完全是由谣言、谎话和阴谋论组成的。

与此同时，世界各地还有千百万人深信各种关于新冠肺炎大流行的疯狂理论：SARS-Cov-2病毒是在实验室里人为制造的[2]，目的是控制全世界的人类；病毒是通过5G网络传播的，戴口罩会激活病毒；这次全球疫情其实是像亿万富翁比尔·盖茨这样有权势的人所共同发起的阴谋，他们希望掌

---

[1] 在程序上，宣布拜登正式赢得2020年总统大选还需一段时间。
[2] （具体是哪一国制造的）取决于相信这种阴谋论的人住在哪里。

第8课　捍卫真理——用科学让世界变得更好　　125

控人类心理。尽管有数亿人感染了病毒,数百万人死亡,但仍有许多人认为,整个疫情完全是虚构的新闻。

这种现象被比作一种新的唯我论(solipsism),许多人似乎只栖息于自己的平行现实中,在这样的世界,虚假叙述和错误信息叠加在真实世界之上。然而,我们的日常现实并不像亚原子粒子世界那样,我们无法在具有无限可能的多元宇宙中穿梭。对我们来说,真实世界只有一个版本。

人们对虚假叙事越来越买账的趋势值得我们紧张不安吗?当然。但这值得大惊小怪吗?不,不尽然——阴谋论算不上什么新现象。然而,它们现在传播的速度,尤其是通过社交媒体传播的速度,既令人惊叹,也使人生惧。

科学家自豪于自己是世界客观真理的探索者,这件事做起来并不总是像你想象的那么简单,因为证真偏差和认知失调等障碍会像对待其他人一样折磨每个科学家。但当我们试图揭露日常生活中某些事件或故事的真相时,事情还会变得更加复杂。例如,一个新闻报道可以是真实准确的,但同时依然掺杂着偏见和主观色彩。事实上,不同的新闻广播公司、报纸或网站对同一事件的报道可能都正确,但也都存在严重曲解——对某些部分重视强调,对某些部分则轻描淡写。而且他们可能不是有意误导或撒谎，只是他们的意识形态或政治立场为他们戴上了偏光镜，让他们发展出看待及报道新闻事件的不同视角。再说一次，这些事情没什么稀奇的。如果我们足够细致勤奋的话，我们可以从多个来源获取信息，以形成一个相对平衡的观点——尽管在现实生活中很少有人这样做。然而，不同于单纯带有偏见的报道或"错误信息"，遇到被故意传播的有害假新闻和刻意误导受众的"虚假信息"时，我们就必须努力与之抗争。

假信息的传播——无论是有意还是无意——并不是我们今天拥有的数字技术造成的，但无疑近年来这种情况被进一步放大了。那么，我们能做些什么呢？我在第7课讨论过，如何通过反思自己的偏见及求证确凿证据来质疑我们所听、所见和所读的信息内容。但这些建议不太可能改变一个真正的阴谋论者的想法。因此最终的结果可能是，作为一个社会，我们必须找到集体对抗虚假信息的方法，我们需要制定和施行严格的法律法规，以阻止谎言和错误信息泄露后污染我们的思想与头脑。

可悲的是，随着传播信息的技术变得越来越复杂，这个问题日益严重。哪些图像、视频或音频片段是真实的？哪些是伪造的？在我们如今生活的时代，这些问题已经越来越难判断。而随着各种新技术的广泛使用，制造和传播虚假"事实"正变得越来越容易。与此同时，用于区分真假的技术手段还有限，可以很容易被蒙混过关。因此，我们必须尽快找到方法、制定策略来应对错误信息和虚假报道的滋生，这需要将技术解决方案与社会、法律变革相结合。

人工智能算法和机器学习是我们近几年来常听到的新概念，它们常出现的使用场景其实并不是那么光彩，例如信息筛选让我们更容易成为广告商的定向目标。更糟糕的是，这些技术还会被用来传播错误信息，导致人们几乎难以区分新闻事件的真假。不过人工智能也能够被用于好的方面，它可以帮助我们完成检查、评估和筛选。我们将很快开发出先进的算法来识别、屏蔽或删除那些虚假的、具有误导性的网络信息。

因此，我们现在正目睹技术进步朝着两个相反的方向发展。虽然制造骗人的虚假信息越来越容易，但我们也可以使用同样的技术来验证哪些信息反映了真实情况。这是两种相互竞争的力量（善与恶），最终哪一种会胜出取决于我们自己以及我们如何行动。

悲观主义者自然会问，我们最终得到的真理或真相来自谁？有些人甚至认为，个人自由的价值应该高于真理。他们会说，越来越多的审查和大规模监控将会创造出官方"真理"，全社会只能被迫接受这一种真理。或者，他们可能担心，用于过滤虚假信息的技术是由"脸书"和"推特"等巨型企业推出的，这些机构本身并不能做到完全客观，它们可能有自己的既得利益和政治意识形态。

令人深受鼓舞的是，如今许多大型社交媒体平台开始通过配置更复杂的算法，来处理那些普遍被社会大众视为有违道德伦理或有伤风化的网络内容，如煽动暴力、危险的意识形态、种族主义、厌女、恐同等等，当然也包括那些被证明属于虚假伪造的信息。然而，从长远来看，将这一责任"外包"给私人和企业可能并不完全可取，毕竟这些企业的主要目标是盈利。不过如果我们必须使用它们，那么我们就必须找到清晰明了的办法，让这些机构对它们以大众的名义而采取的措施负责。

甚至有人认为，任何能够"判断"信息真假的系统在本质上都不可避免地具有偏见性。诚然，这些系统的设计开发确实是由具有价值观和偏见的人类个体完成的，但这一观点有点过火了，我个人并不认同。随着人工智能变得越来越复杂，它们当然可以帮助我们剔除谎言，鉴别出基于证据的事实，但它们也可以强调哪些内容存在不确定性、主观性和细微的差别。在一个英国电视台播出的著名喜剧小品中，一位客户服务人员依靠电脑输出的结果做判断，他对顾客的回应总是只有一句话，哪怕顾客提出的是最合理不过的要求，他也会说"电脑说不"。玩笑归玩笑，现在的技术已经可以完全避免这种局面了。近期的科研进展表明，不久后人工智能就能够将道德和伦理思维嵌入算法，使它们能够在保护言论自由等权利的同时，屏蔽那些虚假、欺骗和错误的信息。我们需要控制偏见，因此准确地说，在这些算法中嵌入什么样的道德或伦理准则是我们作为一个社会必须公开和集体讨论的问题。如果宗教信念与世俗信念发生冲突怎么办？如果传统文化规则不适应现代社会运行怎么办？如果一种行为在某个社会被大众普遍接受，甚至被视为道德标准，但在其他社会却被视为禁忌，又怎么办？

为了从谎言中过滤出真相，我们会尝试各种努力与手段，但总有一些人对这些努力与手段表示不信任。在一定程度上这是不可避免的，承认这一点不等于承认失败，而是面对现实。我们不能指望说服每一个人，但我们作为一个社会，确实有责任努力确保那些为了达到邪恶目的而传播谎言和错误信息的人永远不会成为有影响力的人，因为这可能会产生深远影响，甚至可能改变人类未来的进程。纵观历史，形形色色的专制统治者、令人厌恶的政治领袖和假先知企图通过武力、胁迫和谎言等手段说服数百万人追随他们。这样的人什么时代都会有，但我们能做的是防止他们用科学技术作为武器来实现他们的野心。

我们可以得到的启发是什么呢？我试图以积极的态度结束每一课，但我在这一课中描绘了一幅相当悲观的画面。那么，希望在哪里？在未来我们如何让真相战胜谎言？人们普遍认为，在迎来真正的好转之前，至少眼下的局面会变得越来越糟。但事实上我们正在开辟解决这个问题的有效途径。例如，我们可以借鉴科学领域的研究方法。当某个事实号称具有支持性证据时，我们有必要评估证据的质量，比如为它加上"置信水平"这一参数。同样，在陈述任何信息时，我们都应该尝试说明与之相关的不确定性。每个科学家都知道如何在数据点上插入误差棒；面对新信息时，我们需要做类似的事情，当然，我们不需要将误差棒画出来，但应该做出具有类似意义的表达。为了实现这一目标,我们需要开发出可以提供"信任指数"的人工智能技术,来显示信息的真实性如何与信息来源的可信性相关联。如果一个信息来源——无论是新闻媒体、网站,还是一个社交媒体上"有影响力的人"——被标记为传播虚假信息,那么这个信息源的可信指数就会降低。

我们还在所谓的语义技术(semantic technologies)方面取得了进展,这项技术的目标是通过将"意义"与应用程序代码分开编码,帮助人工智能真正地解释和理解数据。机器解释数据的传统方式是依据人类程序员开发的编码,将意义和关系硬连接到一起,而语义技术与传统方式截然不同。和机器学习一样,语义技术会把我们带向真正意义上的人工"智能"时代。

然而,就像虚假新闻和错误信息不能仅仅归咎于技术一样,单单依靠技术进步也无法找到解决办法。总的来说,假信息本质上是一个社会问题,它只是被技术放大了,因此我们需要的是社会解决方案。统计学家戴维·斯皮格霍特(David Spiegelholter)表示,如果想要知道人们是否能成功"抵御"错误信息的诱惑,最佳预测因素是他们的数学能力。

他的意思是，如果我们对数据统计有一定程度的理解，能领会数据统计的含义，也就是具有所谓的"信息素养"，那将对分辨信息的真伪产生重要帮助。问题在于，媒体和从政者可能没有接受过专业训练，他们不知道如何清晰准确地传达数据及统计结果，因此他们还需要能够识别出什么时候需要信息、如何获取信息、如何评估信息以及如何有效地利用信息。与其完全依赖先进技术来告诉我们哪些能相信，哪些不能相信，我们都更需要学习怎样才能强化自己的批判性思维能力。要做到这一点，我们必须在教育体系中解决好这些思维技能问题。所以，除了星光闪耀、令人期待的新技术，我们还需要更好的公民教育、更好的批判性思维技能和更好的信息素养。

社会大众必须学习应用科学方法的技巧：发展应对复杂性的机制，评估不确定程度，对那些我们并不是特别了解的观点保持开放心态。不可否认的是，确实有相当比例的人既没有天赋也没有能力处理日益复杂的局面，这一点让人遗憾，无知往往导致沮丧、幻灭和无助，所有这些都为错误信息和虚假报道的滋生、传播提供了肥沃土壤。类似困扰自古便存在，也将永远存在。八卦、蒙骗、夸大是人的本性，而当权者总是出于政治或经济目的而进行歪曲事实的宣传。我们不能否认，随着技术的进步，这些问题将变得更加严重。

我一直是一个乐观主义者，倾向于相信人类好的一面。人类总是能通过聪明才智和改革创新找到解决问题的方法——总的来说是让世界变得更好而不是更糟[1]。因此，我对我们会找到解决方案充满信心，无论是通过技术手段还是更好的科学思维教育。然而，如果想要成功，我们需要足够的动力和毅力，我们必须捍卫现实，捍卫真理。我们必须掌握良好的评判标准，培养分析能力，帮助我们的亲人加强学习，并期望领导者也这么做。我们都必须更科学地思考。只有这样，我们才能更好地理解和面对现实世界带给我们的挑战，并在生活中做出更好的决定。只有这样，我们才能捍卫我们自己和他人想要的现实——在这个世界中，我们更自由，更开明，而不再是在黑暗中追逐影子的囚犯。

---

[1] 关于这方面的论述可以参考一本不错的书，也就是斯蒂芬·平克的《人性中的善良天使：暴力为什么会减少》(*The Better Angels of Our Nature: Why Violence Has Declined*)。

结　语

在这本书中，我思考了我们如何才能过一种更理性的生活。但科学思考对人类的真正价值是什么？在我看来，答案有四个方面。

首先，在发展科学方法的历史进程中，人类创造了一种了解世界运行规则的可靠方式，这种方式考虑到了人性的弱点并建立了相应的纠错机制，我认为这就是科学思维方式所固有的内在价值。考虑一下我所在的物理学研究领域中最重要的发现之一——爱因斯坦的引力理论，它取代了牛顿的引力理论，为我们提供了关于宇宙结构更准确、更接近本质的解释。虽然我们不能排除爱因斯坦的相对论有一天会被更深刻的理论取代的可能性，但这永远不会改变一些基本事实：地球绕着太阳转，而不是太阳绕着地球转（符合牛顿的万有引力定律），太阳是银河系数千亿颗恒星中的一颗，而银河系本身也是宇宙中已知的数十亿个星系中的一个。我们不仅可以跨越时间与空间，同他人分享我们对世界的了解，而且还可以分享思维和学习方式，这难道不鼓舞人心吗？因为这意味着，即使所有知识记录都丢失了，我们仍然可以用科学方法来重建知识体系。

也许我们的感觉有所不同，也许科学给予我们的这种获取知识与理解世界的方式并没有让你感到那么鼓舞人心，但我们应该重视科学的第二个原因无可否认。我们相信科学，是因为它有用，因为我们能预见到，假如没有科学，我们的生活会变成什么样子。如果你问我为什么对量子力学这样疯狂又反直觉的理论深信不疑，我会问你是否喜欢用自己的智能手机。难道你从来没有对手机的功能感到震惊？手机的存在要归功于量子力学，实际上，你的智能手机以及其他所有你熟悉的现代电子设备都是由各种技术填充起来的，现代人之所以掌握了这些技术，是因为我们了解物质在最微小尺度上的行为，而这又有赖于量子力学理论的发展和应用。所以，量子理论对许多人来说可能过于匪夷所思、令人费解，但它确实有用。

太多的人并不明白科学和技术是如何紧密交织在一起的。在一定程度上这是因为科学家们自己就倾向于将两者区分开。我们认为科学是对知识的创造，而技术是对知识的应用。但这种泾渭分明的区别并不总是有道理的，毕竟大多数科学工作不仅仅是学习和探索我们以前不知道的东西。在学校或工业实验室里配置化工药品算什么？将现有知识应用到设计更有效的激光切割术算什么？开发更好用的疫苗算什么？难道我们不把这些工作视为科学工作吗？在这些例子中，我们并没有获得关于世界的新知识，所以对科学做出狭隘定义是错误的，应用科学仍然是科学。

我们确实声称科学是价值中立的——它既好也坏——问题在于我们如何使用它。爱因斯坦的方程"$E = mc^2$"通过光速将质量和能量联系了起来，这仅仅是一个对宇宙真相的描述，但利用它来制造原子弹就完全是另一回事了。如果爱因斯坦从未发现相对论，一切会不会更好？这是否意味着原子弹永远不会被投放到广岛和长崎？好吧，我们姑且不论即使爱因斯坦没有提出相对论，其他人也会很快这么做，难道对世界的某些事实保持"无知"会更好吗？当然不是。核武器证明科学知识赋予了人类破坏潜能，但这并不是说科学知识本身是邪恶的，或者无知会让世界变得更美好。

没有科学，我们就无法满足人口增长对资源的需求，无法拥有更长的寿命和更幸福的生活，无法在家照明取暖，无法相互即时通信，无法环游世界，无法构建伟大文明和民主国家，无法了解我们的身体并研发出保护我们免受疾病折磨的药物与疫苗，无法将人类从沉重的体力劳动中解放出来，无法有更多自由时间去享受艺术、文学、音乐和运动。没有科学，就没有现代世界——我们甚至可以说，没有科学，人类就没有未来。所以我们应该记住，科学不仅仅是对知识的探求，它也是我们赖以生存、实现更美好生活的必要手段。

第三，科学思考的第三种价值正涉及本书的主题。我们从事科学研究所用的方法以及我们基于科学特性而提炼出的思维方式可以让我们在日常生活中受益，其中包括对世界保持好奇，理性、有逻辑地思考，辩证地讨论和比较不同观点，重视不确定性，对我们自以为确定无疑的结论保持怀疑，承认自己的偏见，以可靠证据作为观点的依据，了解我们该相信哪些信息源。我们越能深刻理解并践行这些思维方式，就会越开明、明智，也就越可以帮助自己以及那些我们关心的人做出理性决策。

我想以科学思考的最后一个价值作为结束。我认为，尽管科学知识给我们带来了卓越的技术、先进的医疗和社会进步，尽管科学知识让我们了解到世界的宽广与复杂，尽管我们在探索这些科学知识的过程中形成了恢宏智慧的研究方法，但科学的真正之美在于它丰富了我们。正如卡尔·萨根所说，它带给我们的混合了"得意与谦卑"的感受是"毫无疑问的心灵圣歌"。

人类是一种在进化上获得了非凡成就的物种，集体知识赋予了我们强大的力量和潜能，然而，我们同时也是脆弱的，也是不安分的。我们所积累的科学知识以及我们利用科学知识不断发展的技术并没有在全人类中得到广泛与平等的分享。掌握科学方法——学会如何观察、如何思考、如何了解以及如何生存——是人类的巨大财富之一，也是每个人与生俱来的权利。而且最奇妙的是，分享它的人越多，它自身的质量就会越高，所能带来的价值也会越大。

科学远不只是确凿的事实和批判性思维，就像彩虹远不只是一道美丽的色彩弧线。科学为我们提供了一种方式，让我们超越我们有限的感官、超越我们的歧视和偏见、超越我们的恐惧和不安全感、超越我们的无知和软弱来理解这个世界。科学赋予了我们一副透镜，让我们看待问题时的视野可以更为深邃，并成为光与色、美与真并存的世界的一部分。

你知道了一些关于彩虹的事情，这些事情你身边的其他人不一定都了解。下次你看到彩虹的时候，你是否会对站在旁边的人保守秘密？你觉得告诉他们关于彩虹的知识会毁掉这魔法般的奇观吗？还是说分享这些知识会令人更加愉快？

你不会在彩虹的尽头找到一罐金子——记住，彩虹并没有真正的尽头，但你可以在你自己身上找到隐藏的财富——以一种开明的方式思考和观察这个世界，你可以将这一财富融入日常生活中并加以利用，与你所爱的人分享。这就是奇迹，这就是科学思维的乐趣！

术语表

洞穴寓言（allegory of the cave）

古希腊哲学家柏拉图在《理想国》中描述的一个故事，内容是一个囚徒如何从枷锁中解脱出来，走出洞穴，看到外面更高层次的现实。柏拉图用这个寓言强调了教育的重要性，他想要说明：要抛弃虚假的影子，走出愚昧的洞穴，寻找并理解真实的世界和事物。

信念固着（belief perseverance）

指人们顽固坚持自己最初信念的倾向。人们一旦对某个事物建立了某种信念，就很难打破这一看法，即使相反的证据与信息出现，他们也可能视而不见。

认知失调(cognitive dissonance)

当一个人同时面对两种相互矛盾的想法或信念时产生的心理不适感,通常是个体新获得的信息与其某种既有的坚定信念产生了冲突,信念固着是消除或缓解这种不适的最常见方式,即个体通过排斥新信息或贬低其重要性,来坚持原来持有的、自认为正确的观点。

证真偏差(confirmation bias)

当一个人确立了某种信念或观念时,在收集信息和分析信息时会倾向于只接触那些能证实自己想法的信息,只接受支持自己观念的证据,而忽略或否认违反自己观念的证据。

阴谋论(conspiracy theory)

指人们对某个现象或事件做出解释时,拒绝接受标准解释方式,包括主流科学证据所支持的解释。阴谋论者认为所谓的"真相"被政府、社会组织或其他强大的既得利益集团出于隐秘与邪恶的原因掩盖了,他们致力于"揭露"被掩盖的真相。

阴谋论者反对弄虚作假,他们一般不会为了证明自己的想法而去篡改或伪造证据。但任何反对阴谋论的证据，都会被他们解释为政府或其他势力为了隐藏真相而编织出的虚假证据，他们认为违背他们观点的证据恰恰证明了"阴谋"的存在。这是阴谋论与科学理论的区别：它更像一种信仰而不是原理，尽管它的倡导者坚定地相信有充足的支持证据，并自认为是理性严谨的。

文化相对主义（cultural relativism）

文化是一个群体或社会中所有人共同具备的信仰、行为及其他心理特征的集合，其基础包括传统、习俗、规则与价值观等。文化相对主义认为，某件事的真或假、对或错、可接受或不可接受都是相对的，不存在一个参考系，让人们可以以此参考系为标准给出客观、绝对、所有人都能同意的答案。

文化相对主义具有积极意义，它尊重不同，容忍差异——我们不应该以自己的文化和习俗为标准去审判其他文化与习俗，去评价何为对，何为错，何为奇异，何为正常；相反，我们应该尝试理解其他群体基于他们自己的文化背景进行的各种文化实践。

然而，当相对主义与现实主义发生冲突时，问题就会出现，康德在其著作《纯粹理性批判》一书中讨论了这一问题，他认为我们关于世界的经验受到了我们所持有的知识与观念的调节。文化相对主义的论点不存在普遍的、客观的道德真理，我们应该注意不要让这个概念干涉我们对客观真实和科学真理的思考与探索。

虚假信息（disinformation）
一种有意编造并传播的错误信息。

邓宁-克鲁格效应（Dunning-Kruger effect）
社会心理学家大卫·邓宁和贾斯汀·克鲁格所描述的一种认知偏差，即知识或能力有限的人认为自己比实际水平更聪明、更有能力。这种低认知能力和低自我意识的结合，意味着他们无法认识到自己的缺点；相反，高认知能力的人往往低估自己的能力，因为他们意识不到他人的无能或无知。然而，邓宁-克鲁格效应受到了一些研究的挑战，这些研究表明，邓宁-克鲁格效应可能只是数据分析导致的假象。

可证伪性（falsifiability）

指如果可以用一种逻辑上可行的、可观察的方式证明某科学理论的描述出错了，那么该理论就具有可证伪性。这一概念是科学哲学家卡尔·波普尔提出的，他认为，可证伪性是确定一种理论是不是科学理论的标准，科学理论必须是可以被检验、被反驳的。

虚幻优越感（illusory superiority）

一种认知出现偏差的状态，即一个人大大高估了自己的能力或天赋，沉浸在自我营造的虚幻优势之中。

连带否认（implicatory denial）

已故精神分析社会学家斯坦利·科恩所描述的三种否定形式之一。在这种情形中，被否定的不是事实本身，而是它们的影响和后果。例如，在气候变化这一问题上，一些人会承认气候变化确实正在发生，甚至承认它是人类行为造成的，但却否认其道德、社会、经济或政治影响，从而消除了需要担负的责任。

直接否认（literal denial）

直接拒绝承认某事已经发生或正在发生，无视相应的坚实证据。这种否认可能是出于有意的目的（比如出于意识形态的原因），也可能是出于误导信息或无知。最典型的例子是否认大屠杀。

错误信息（misinformation）

传播的是虚假或误导性信息，不论是否出于故意欺骗的意图。例如，在不知情的情况下散播流言蜚语与小道消息、没有证据的新闻报道、拙劣的新闻报道、政治宣传、某些人基于不可告人的目的而故意编造的谎言（虚假信息）。

道德真理（moral truth）

我们通常说，当一个论断与现实相符，或与世界"真相"相一致时，这个论断就是"真"的。在哲学上，这就是所谓的真理对应理论——真理对应客观事实。但在道德方面，情况要复杂得多。绝对道德真理的存在取决于一个人是否相信存在着适用于所有语境、文化、时代和人群的普遍道德标准——例如，谋杀是坏事。这样的道德真理往往是基于道德礼法或宗教，人们在特定成长环境中形成了对某些道德条文的坚定信仰。相反，相对道德真理（道德相对主义）是主观的，并依赖于语境背景（例如，一夫多妻制在很多社会都不被认可，但在另一些社会却被容忍或被认为是可以接受的）。然而，这样的定义区分并不是特别准确，因为某些人眼中的绝对道德真理，在其他人看来却是相对道德真理。

奥卡姆剃刀（Ockham's razor）

有时被称为"简约原则"，即认为最简单的解释通常是最好的解释，或者一个理论在解释某现象时，不应该做超过绝对必要的假设。

后真相（post-truth）

在对某事件做出评判或抉择时，质疑事实和专家意见，将其重要性放置到次要位置，而主要诉诸个人情感，相信未经证实的结论。有人认为，从17世纪起，随着印刷机的发明和小宣传册的兴起，一种早期的"后真理"现象出现了。在20世纪末与21世纪初，许多国家又出现了"后现代政治"

现象，这是一种现代文化的产物，互联网和社交媒体加剧了该问题的严重性，在这些新媒体平台中，民粹主义政治辩论会罔顾事实，主要基于情感表达己方立场。

预防原则（precautionary principle）

对于那些因过于谨慎而可能造成危害的政策或创新，特别是在缺乏令人信服的证据时采取一般哲学和法律措施。

归纳法问题（problem of induction）

归纳法是科学研究领域常见的一种方法，指通过对可观察证据的积累，归纳出结论。这种方法的缺陷是我们不知道要积累多少可观察证据才能算证据充分，也不确定需要何等质量水平的证据才能获得一个"坚实的"结论。

随机对照试验（randomised control trial）

一种探索因果关系的科学研究方法，可以最大程度减少偏见和人为干涉的影响。通常情况下，研究者将在统计学上具有相似性特征的被试分配到不同组别。例如，在检验一种新医疗方法或新药物的有效性时，可以把被试分为两组，一组作为试验组接受新医疗方法或新药物的干预，另一组作为对照组接受替代干预，试验结束时统计分析两组被试的差异。随机对照试验常常是"双盲"的，也就是说被试不知道自己被分配到哪个组，而研究人员也不知道哪些被试接受的是干预，哪些被试接受的是替代干预。

独立于参考系（reference frame independence）

一个科学概念，常见于物理学领域。指从不同的参考系或角度出发进行观察，某些量或现象具有固定的性质，不因参考系变化而变化。最著名的例子是真空中的光速，与其他实体物质的速度不同，它不取决于观察者自身的运动状态，而是一个恒定值。更一般地说，独立于参考系概念说明存在一些可以超越科学家主观经验的客观现实。

可再现性（reproducibility）

科学研究中一个常见指标，指不同的人在不同的地点用不同的仪器进行测量时，结果之间的一致程度。因此，如果一个研究成果的可再现性高，科学家用不同研究模式总是可以再现同一结论，科学领域就倾向于相信该结论。可再现性不同于可重复性（repeatability），后者指相同条件下测量结果的变化程度，也就是由同样的人在相同地点用同样的仪器按照相同程序进行测量，获得结果的一致程度。

科学真理（scientific truth）

科学家和哲学家长期以来一直在争论科学真理是否存在。有些人认为科学真理是柏拉图式的理想，永远无法达到，甚至可能根本不存在。另一些人则坚持认为，现实具有真实本质，无论我们是否能够完全理解，真理都是客观存在的，而科学家的工作就是通过观察、归纳、推理和解释，尽可能地接近"科学真理"。请注意，科学真理与道德真理或宗教真理是不一样的。

科学不确定性（scientific uncertainty）

指测量值处于一定区间内的可能性，它表达了科学家对某一测量结果、观察结果或理论精确性的"相信程度"。进一步的仔细观测或对理论的修正补充可以减少这种不确定性。与此相关的一个术语是测量中的"误差"，它并不意味着测量是错误的，而是指"失误的幅度"。科学家在专业训练中会学习表达不确定性的方式,例如在数据点上设置误差棒。

社会建构主义(social constructivism)

认为许多事物是基于人类互动和共享经验建构出来的,而不是作为独立客观现实存在的。与之对立的一种观点认为,虽然科学方法本身是一种社会建构,但我们通过科学方法而积累的关于世界真相的科学知识却不是。

科学方法(scientific method)

获取知识的方式。自现代科学于 17 世纪诞生以来,科学方法的使用一直是科学最重要的特征之一,也是开展科学研究最依赖的途径。科学方法的发展主要归功于弗朗西斯·培根和勒内·笛卡儿,但其根源可以追溯到 11 世纪的阿拉伯学者伊本·海瑟姆(Ibn al-Haytham),他强调在提出一个假设时,要通过仔细观察和测量对假设加以检验,同时对任何结论都应持怀疑精神。科学方法要求我们尊重诚实、消除偏见、以可重复性和可证伪性为准则、承认不确定性和误差的存在。它是我们了解世界最可靠的方式,因为科学方法有许多内置的纠错机制来弥补主观性、证真偏差以及认知失调等人性弱点。

价值中立（value neutrality）

科学家在其研究中力求做到客观、公正、不受个人价值观或信仰影响。科学是否能真正做到价值中立是一个引发持续争论的话题。无论如何努力，作为个体的科学家都很难做到完全价值中立，尽管如此，但确实有一些关于外部物理世界的事实是价值中立的，例如DNA（脱氧核糖核酸）的结构或太阳相对于地球的大小。

参考文献

Aaronovitch, David. *Voodoo Histories: The Role of the Conspiracy Theory in Shaping Modern History.* New York: Riverhead Books, 2009.

Allington, Daniel, Bobby Duffy, Simon Wessely, Nayana Dhavan, and James Rubin. "Health-protective behaviour, social media usage and conspiracy belief during the COVID-19 public health emergency." *Psychological Medicine* 1–7 (2020). https://doi.org/10.1017/S003329172000224X.

Anderson, Craig A. "Abstract and concrete data in the perseverance of social theories: When weak data lead to unshakeable beliefs." *Jour-nal of Experimental Social Psychology* 19, no. 2 (1983): 93–108. https://doi.org/10.1016/0022-1031(83)90031-8.

Bail, Christopher A., Lisa P. Argyle, Taylor W. Brown, John P. Bumpus, Haohan Chen, M. B. Fallin Hunzaker, Jaemin Lee, Marcus Mann, Friedolin Merhout and Alexander Volfovsky. "Exposure to opposing views on social media can increase political polarization." *PNAS* 115, no. 37 (2018): 9216–21. https://doi.org/10.1073/pnas.1804840115.

Baumberg, Jeremy J. *The Secret Life of Science: How It Really Works and Why It Matters.* Prince-ton, NJ: Princeton University Press, 2018.

Baumeister, Roy F., and Kathleen D. Vohs, eds. *Encyclopedia of Social Psychology*. Thousand Oaks, CA: SAGE Publications, 2007.

Bergstrom, Carl T., and Jevin D. West. *Calling Bullshit: The Art of Scepticism in a Data-Driven World*. London: Penguin, 2021.

Boring, Edwin G. "Cognitive dissonance: Its use in science." *Science* 145, no. 3633 (1964): 680–85. https://doi.org/10.1126/science.145.3633.680.

Boxell, Levi, Matthew Gentzkow, and Jesse M. Shapiro. "Cross-country trends in affec-tive polarization." *NBER Working Paper* no. w26669 (2020). Available at SSRN: https:// ssrn.com/abstract=3522318

———. "Greater Internet use is not associated with faster growth in political polarization among US demographic groups." *PNAS* 114, no. 40 (2017): 10612–17. https://doi.org/10.1073/pnas.1706588114.

Broughton, Janet. *Descartes's Method of Doubt*. Princeton, NJ: Princeton University Press, 2002. htttp:www.jstor.org/stable/j.ctt7t43f.

Cohen, Morris R., and Ernest Nagel. *An Intro-duction to Logic and Scientific Method*. Lon-don: Routledge & Sons, 1934.

Cohen, Stanley. *States of Denial: Knowing About Atrocities and Suffering*. Cambridge, UK: Pol-ity Press, 2000.

Cooper, Joel. *Cognitive Dissonance: 50 Years of a Classic Theory*. Thousand Oaks, CA: SAGE Publications, 2007.

d'Ancona, Matthew. *Post-Truth: The New War on Truth and How to Fight back*. London: Ebury Publishing, 2017.

Domingos, Pedro. "The role of Occam's razor in knowledge discovery." *Data Mining and Knowledge Discovery* 3 (1999): 409–25. https:// doi.org/10.1023/A:1009868929893.

Donnelly, Jack, and Daniel J. Whelan. *Interna-tional Human Rights*. 6th ed. New York: Rout-ledge, 2020.

Douglas, Heather E. *Science, Policy, and the Value-Free Ideal*. Pittsburgh: University of Pittsburgh Press, 2009.

Dunbar, Robin. *The Trouble with Science*. Re-print ed. Cambridge, MA: Harvard University Press, 1996.

Dunning, David. *Self-Insight: Roadblocks and De-tours on the Path to Knowing Thyself*. Essays in Social Psychology. New York: Psychology Press, 2005.

Festinger, Leon. "Cognitive dissonance." *Sci-entific American* 207, no. 4 (1962): 93–106. http://www.jstor.org/stable/24936719.

———. *A Theory of Cognitive Dissonance*. Re-print ed. Redwood City, CA: Stanford Uni-versity Press, 1962. First published 1957 by Row, Peterson & Co. (New York).

Goertzel, Ted. "Belief in conspiracy theories." *Political Psychology* 15, no. 4 (1994) : 731–42. www.jstor.org/stable/3791630.

Goldacre, Ben. *I Think You'll Find It's a Bit More Complicated Than That*. London: 4th Estate, 2015.

Harris, Sam. *The Moral Landscape: How Science Can Determine Human Values*. London: Ban-tam Press, 2011.

Head, Megan L., Luke Holman, Rob Lanfear, Andrew T. Kahn, and Michael D. Jennions. "The extent and consequences of p-hacking in science." *PLoS Biology* 13, no. 3 (2015): e1002106. https://doi.org/10.1371/journal.pbio.1002106.

Heine, Steven J., Shinobu Kitayama, Darrin R. Lehman, Toshitake Takata, Eugene Ide, Ce-cilia Leung, and Hisaya Matsumoto. "Diver-gent consequenc-es of success and failure in Japan and North America: An investigation of self-improving motivations and malleable selves." *Journal of Personality and Social Psy-chology* 81, no. 4 (2001): 599–615. https://doi.org/10.1037/0022-3514.81.4.599.

Higgins, Kathleen. "Post-truth: A guide for the perplexed." *Nature* 540 (2016): 9. https:// www.nature.com/news/polopoly_fs/1.21054!/menu/main/topColumns/topLeftColumn/pdf/540009a.pdf.

Isenberg, Daniel J. "Group polarization: A critical review and meta-analysis." *Journal of Personality and Social Psychology* 50, no. 6 (1986): 1141–51. https://doi.org/10.1037/0022-3514.50.6.1141.

Jarry, Jonathan. "The Dunning-Kruger effect Is probably not real." McGill University Office for Science and Society, December 17, 2020. https://www.mcgill.ca/oss/article/critical-thinking/dunning-kruger-effect-probably-not-real.

Kahneman, Daniel. *Thinking, Fast and Slow*. London: Allen Lane, 2011. Reprint: Penguin, 2012.

Klayman, Joshua. "Varieties of confirmation bias." *Psychology of Learning and Motivation* 32 (1995): 385–418. https://doi.org/10.1016/S0079-7421(08)60315-1.

Klein, Ezra. *Why We're Polarized*. New York: Simon & Schuster, 2020.

Kruger, Justin, and David Dunning. "Unskilled and unaware of it: How difficulties in recogniz-ing one's own incompetence lead to inflated self-assessments." *Journal of Personality and Social Psychology* 77, no. 6 (1999): 1121–34. https://doi.org/10.1037/0022-3514.77.6.1121.

Kuhn, Thomas S. *The Structure of Scientific Revo-lutions*. 50th anniversary ed. Chicago: Univer-sity of Chicago Press, 2012.

Lewens, Tim. *The Meaning of Science: An Intro-duction to the Philosophy of Science*. London: Penguin Press, 2015.

Ling, Rich. "Confirmation bias in the era of mo-bile news consumption: The social and psy-chological dimensions." *Digital Journalism* 8, no. 5 (2020): 596–604. https://doi.org/10.1080/21670811.2020.1766987.

Lipton, Peter. "Does the truth matter in sci-ence?" *Arts and Humanities in Higher*

Educa-tion 4, no. 2 (2005):173–83. https://doi.org/10.1177/1474022205051965; Royal Society 2004; Medawar Lecture, "The truth about science." *Philosophical Transactions of the Royal Soci-ety B* 360, no. 1458 (2005): 1259–69. https://royalsocietypublishing.org/doi/abs/10.1098/rstb.2005.1660.

———. "Inference to the best explanation." In *A Companion to the Philosophy of Science*, edited by W. H. Newton-Smith, 184–93. Malden, MA: Blackwell, 2000.

MacCoun, Robert, and Saul Perlmutter. "Blind analysis: Hide results to seek the truth." *Nature* 526 (2015): 187–89. https://doi.org/10.1038/526187a.

McGrath, April. "Dealing with dissonance: A review of cognitive dissonance reduction." *Social and Personality Psychology Compass* 11, no. 12 (2017): 1–17. https://doi.org/10.1111/spc3.12362.

McIntyre, Lee. *Post-Truth*. Cambridge, MA: The MIT Press, 2018.

Nickerson, Raymond S. "Confirmation bias: A ubiquitous phenomenon in many guises." *Re-view of General Psychology*. 2, no. 2 (1998):175–220. https://doi.org/10.1037/1089-2680.2.2.175.

Norgaard, Kari Marie. *Living in Denial: Climate Change, Emotions, and Everyday Life*. Cam-bridge, MA: The MIT Press, 2011. *JSTOR*: http://www.jstor.org/stable/j.ctt5hhfvf.

Oreskes, Naomi. *Why Trust Science?* Princeton, NJ: Princeton University Press, 2019.

Pinker, Steven. *The Better Angels of Our Nature: Why Violence Has Declined*. New York: Viking Books, 2011.

Popper, Karl R. *The Logic of Scientific Discov-ery*. London: Hutchinson & Co., 1959; Lon-don and New York: Routledge, 1992. Original title: *Logik der Forschung: Zur Erkenntnistheo-rie der modernen Naturwissenschaft*. Vienna: Julius Springer, 1935.

Radnitz, Scott, and Patrick Underwood. "Is belief in conspiracy theories pathological? A survey experiment on the cognitive roots of extreme suspicion." *British Journal of Politi-cal Science* 47, no. 1 (2017): 113–29. https://doi.org/10.1017/S0007123414000556.

Ritchie, Stuart. *Science Fictions: Exposing Fraud, Bias, Negligence and Hype in Science*. London: The Bodley Head, 2020.

Sagan, Carl. *The Demon-Haunted World: Science as a Candle in the Dark*. New York: Random House, 1995. Reprint, New York: Paw Prints, 2008.

Scheufele, Dietram A., and Nicole M. Krause. "Science audiences, misinformation, and fake news." *PNAS* 116, no. 16 (2019): 7662–69. https://doi.org/10.1073/pnas.1805871115.

Schmidt, Paul F. "Some criticisms of cultural relativism." The Journal of Philosophy 52, no. 25 (1955): 780–91. https://www.jstor.org/stable/2022285.

Tressoldi Patrizio E. "Extraordinary claims re-quire extraordinary evidence: The case of non-local perception, a classical and Bayes-ian review of evidences." *Frontiers in Psychol-ogy* 2 (2011): 117. https://www.frontiersin.org/articles/10.3389/fpsyg.2011.00117/full.

Vickers, John. "The problem of induction." The Stanford Encyclopaedia of Philosophy, Spring 2018. https://plato.stanford.edu/entries/induction-problem/.

Zagury-Orly, Ivry, and Richard M. Schwartzs-tein. "Covid-19—A reminder to reason." *New England Journal of Medicine* 383 (2020): e12. https://doi.org/10.1056/NEJMp2009405.

延伸阅读

Jim Al-Khalili, *The World According to Physics* (Princeton University Press, 2020)

Chris Bail, *Breaking the Social Media Prism: How to Make Our Platforms Less Polarizing* (Princeton University Press, 2021)

Jeremy J. Baumberg, *The Secret Life of Science: How It Really Works and Why It Matters* (Princeton University Press, 2018)

Carl Bergstrom and Jevin West, *Calling Bullshit: The Art of Scepticism in a Data-Driven World (Penguin, 2021)*

Richard Dawkins, *Unweaving the Rainbow: Sci- ence, Delusion and the Appetite for Wonder* (Allen Lane, 1998)

Robin Dunbar, *The Trouble with Science* (Har- vard University Press, 1996)

Abraham Flexner and Robert Dijkgraaf, *The Use- fulness of Useless Knowledge* (Princeton Uni- versity Press, 2017)

Ben Goldacre, *I Think You'll Find It's a Bit More Complicated Than That* (4th Estate, 2015)

Sam Harris, *The Moral Landscape: How Science Can Determine Human Values* (Bantam Press, 2011) Robin Ince, *The Importance of Being Interested:*

Adventures in Scientific Curiosity (Atlantic Books, 2021)

Daniel Kahneman, *Thinking, Fast and Slow* (Penguin, 2012)

Tim Lewens, *The Meaning of Science: An Intro- duction to the Philosophy of Science* (Penguin Press, 2015)

Naomi Oreskes, *Why Trust Science?* (Princeton University Press, 2019)

Steven Pinker, *Enlightenment Now: The Case for Reason, Science, Humanism, and Progress* (Penguin, 2018)

Steven Pinker, *Rationality: What It Is, Why It Seems Scarce, Why It Matters* (Allen Lane, 2021)

Stuart Ritchie, *Science Fictions: Exposing Fraud, Bias, Negligence and Hype in Science* (Bodley Head, 2020).

Carl Sagan, *The Demon-Haunted World: Science as a Candle in the Dark* (Paw Prints, 2008)

Will Storr, *The Unpersuadables: Adventures with the Enemies of Science* (Overlook Press, 2014)